Inhaltsverzeichnis

Hinweise

Das Übungsheft dient der Entwicklung grundlegender Kompetenzen beim „hilfsmittelfreien" Lösen von Standardaufgaben der analytischen Geometrie. Hilfsmittel wie PC, GTR oder CAS sollten also zur Lösung ausgeschlossen sein. Die Verwendung eines nicht programmierbaren Taschenrechners ist bei manchen Aufgaben aber durchaus sinnvoll, bei der Anwendung trigonometrischer Funktionen geradezu notwendig.
Jedem Abschnitt ist ein durchgerechnetes Beispiel oder eine allgemeine Anleitung vorangestellt. Es folgen Aufgaben mit lückenhaft vorgegebenem Lösungsweg und eine Vielzahl weiterer Aufgaben.
Verschiedene Aufgaben mit einem höheren Schwierigkeitsgrad oder einem höheren Rechenaufwand wurden mit einem Stern gesondert gekennzeichnet. Da das angestrebte Niveau im hilfsmittelfreien Arbeiten in den Bundesländern zum Teil unterschiedlich ist, kann diese Kennzeichnung nur eine Orientierung darstellen.
Die Ergebnisse sämtlicher Aufgaben sind dem Arbeitsheft in einem herausnehmbaren Teil beigefügt.

A Grundlagen der Koordinatengeometrie

1 Punkte und Strecken im Koordinatensystem

1.1 Koordinatensysteme in der Ebene und im Raum

Werden die Zahlengeraden eines kartesischen Koordinatensystems als x-, y- bzw. z-Achse bezeichnet, so lässt sich jeder Punkt in der xy-Ebene durch ein geordnetes Zahlenpaar (x; y) und jeder Punkt des Raumes durch ein geordnetes Zahlentripel (x; y; z) beschreiben.

Beispiele:

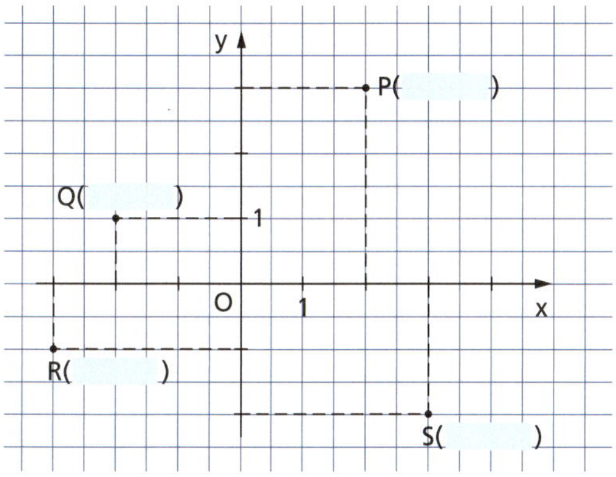

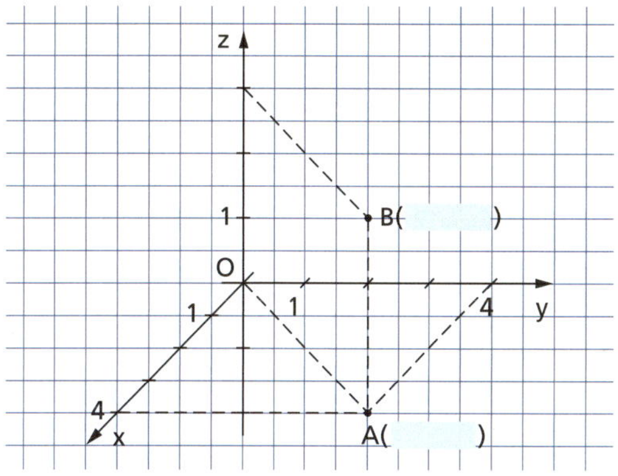

1 Zeichnen Sie in ein kartesisches Koordinatensystem die folgenden Punkte ein:
$P_1(3; 2)$, $P_2(-3; 2)$, $P_3(3; -2)$,
$P_4(-3; -2)$, $P_5(0; -1)$, $P_6(2; 0)$

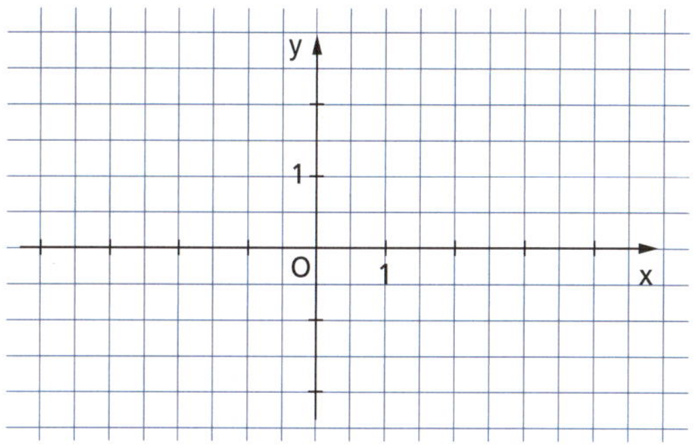

2 Gegeben seien die Punkte A und B mit A(1; 0) und B(4; 1). Zeichnen Sie in das nebenstehende Koordinatensystem die Bildpunkte von A und B bei folgenden Spiegelungen ein und ermitteln Sie die Koordinaten der Bildpunkte:

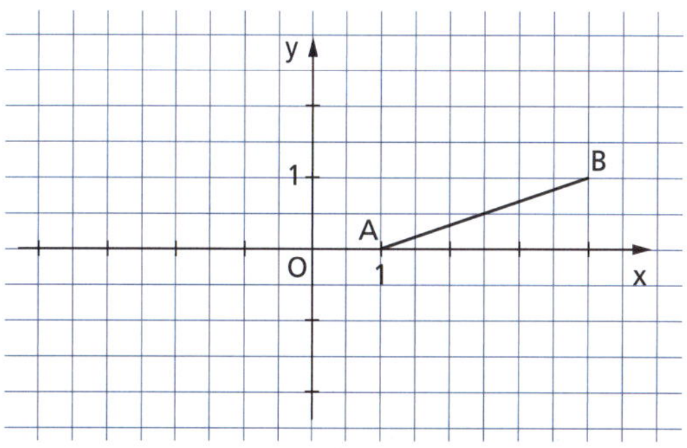

a) Spiegelung an der x-Achse: $A_x($; $)$; $B_x($; $)$

b) Spiegelung an der y-Achse: $A_y($; $)$; $B_y($; $)$

c) Spiegelung am Koordinatenursprung: $A_O($; $)$; $B_O($; $)$

3 Ein gleichseitiges Dreieck ABC der Seitenlänge 5 (LE) hat die in der Abbildung dargestellte Lage.
Welche Koordinaten haben die Eckpunkte des Dreiecks (auf eine Dezimalstelle genau)?

A(;   ), B(;   ), C(;   )

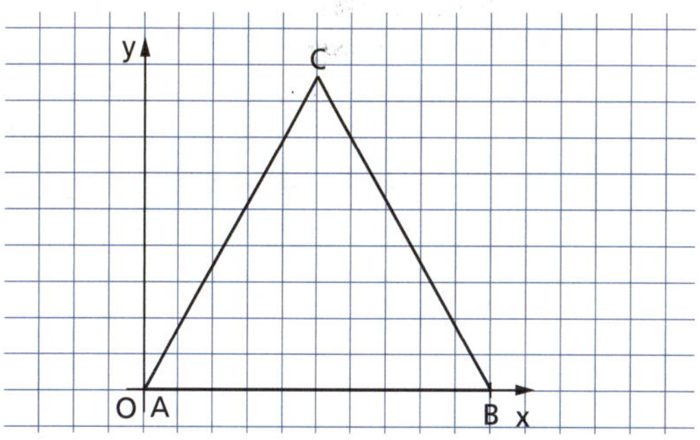

4 Die Abbildung zeigt die Lage eines regelmäßigen Sechseckes ABCDEF mit der Seitenlänge 6 (LE) in einem kartesischen Koordinatensystem.
Welche Koordinaten haben die Eckpunkte des Sechsecks und sein Mittelpunkt M?

A(;), B(;), C(;),

D(;), E(;), F(;),

M(;)

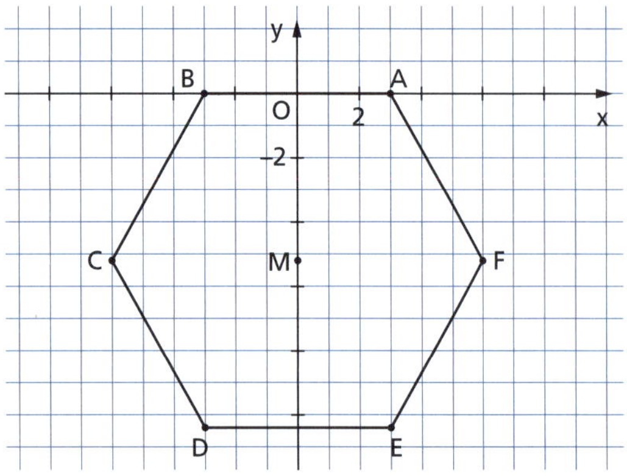

5 Die Abbildung zeigt die Lage von 9 Punkten $P_1, P_2, \ldots, P_9$ in einem räumlichen kartesischen Koordinatensystem.
Geben Sie die Koordinaten dieser Punkte an:

P_1(; ;), P_2(; ;), P_3(; ;),

P_4(; ;), P_5(; ;), P_6(; ;),

P_7(; ;), P_8(; ;), P_9(; ;)

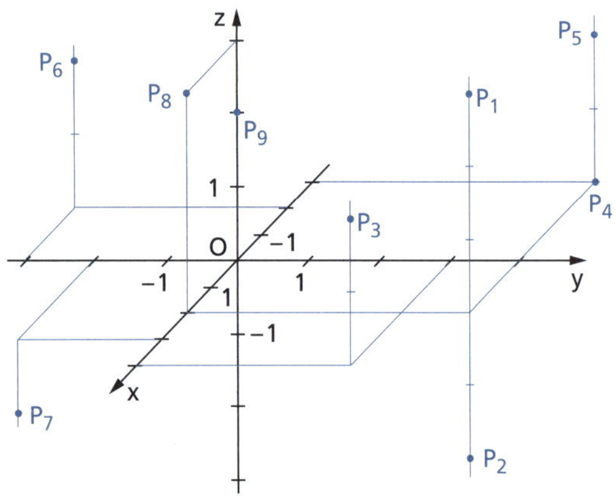

6 Zeichnen Sie entsprechend der Abbildung zu Aufgabe 5 ein kartesisches Koordinatensystem im Raum und tragen Sie die folgenden Punkte ein:
$Q_1(0; 0; 2)$, $Q_2(0; -2; 3)$, $Q_3(2; 3; 2)$, $Q_4(-3; -2; 1)$, $Q_5(2; -2; -1)$, $Q_6(3; 0; 2)$, $Q_7(4; 1; -1)$

7 Die Abbildung zeigt ein Gebäude mit Walmdach in Grund- und Aufriss (1 LE ≙ 1 m).

a) Geben Sie die Koordinaten der Punkte P_1 bis P_8 und F_1, F_2 ($\overline{F_1F_2}$ ist der First) an.

P_1(; ;), P_2(; ;),

P_3(; ;), P_4(; ;),

P_5(; ;), P_6(; ;),

P_7(; ;), P_8(; ;),

F_1(; ;), F_2(; ;)

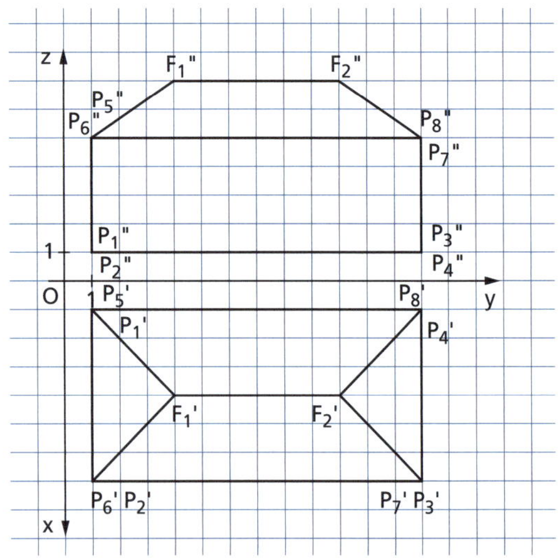

b) Das Gebäude soll nun in einem räumlichen Koordinatensystem dargestellt werden. Dabei soll zur Vereinfachung das Koordinatensystem so gelegt werden, dass der Punkt P_1 im Koordinatenursprung liegt. Der Punkt P_2 soll auf der positiven x-Achse, P_4 soll auf der positiven y-Achse und P_5 soll auf der positiven z-Achse liegen.
Notieren Sie zunächst die Koordinaten aller Eckpunkte des Gebäudes, wenn es so wie beschrieben in das Koordinatensystem gelegt wird, die Maße des Gebäudes aber nicht verändert werden. Stellen Sie das Gebäude im Schrägbild dar.

$\overline{P}_1(0; 0; 0)$, $\overline{P}_2$(; ;), $\overline{P}_3$(; ;), $\overline{P}_4$(; ;), $\overline{P}_5$(; ;),

$\overline{P}_6$(; ;), $\overline{P}_7$(; ;), $\overline{P}_8$(; ;), $\overline{F}_1$(; ;), $\overline{F}_2$(; ;)

1.2 Länge und Mittelpunkt einer Strecke

Abstand zweier Punkte in der Ebene

Für den Abstand zweier Punkte $P_1(x_1; y_1)$ und $P_2(x_2; y_2)$ gilt:

$$|\overline{P_1P_2}| = \sqrt{(\qquad)^2 + (\qquad)^2}$$

Abstand zweier Punkte im Raum

Für den Abstand zweier Punkte $P_1(x_1; y_1; z_1)$ und $P_2(x_2; y_2; z_2)$ gilt:

$$|\overline{P_1P_2}| = \sqrt{(\qquad)^2 + (\qquad)^2 + (\qquad)^2}$$

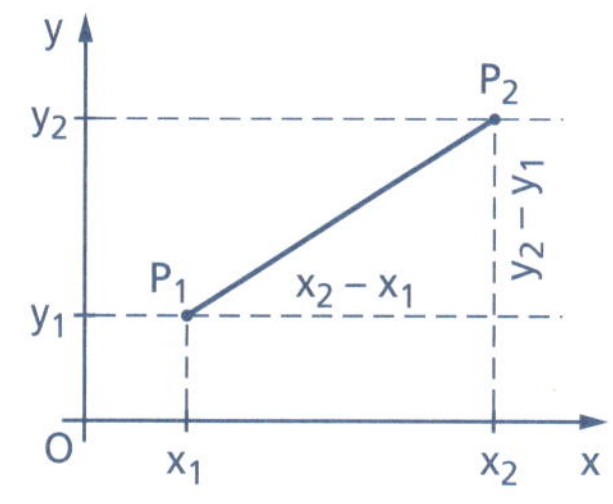

8 Berechnen Sie die Längen der Strecken, die jeweils durch folgende Punkte begrenzt sind:

a) $P_1(-5; 2)$, $P_2(0; 0)$ $\quad |\overline{P_1P_2}| = \sqrt{(\qquad)^2 + (\qquad)^2} = \qquad \approx$

b) $P_3(-4; -3)$, $P_4(-7; -5)$ $\quad |\overline{P_3P_4}| = \sqrt{(\qquad)^2 + (\qquad)^2} = \qquad \approx$

c) $P_5\left(\frac{1}{4}; -\frac{1}{3}\right)$, $P_6\left(\frac{4}{5}; \frac{2}{3}\right)$ $\quad |\overline{P_5P_6}| = \sqrt{(\qquad)^2 + (\qquad)^2} = \qquad \approx$

9 Berechnen Sie die Längen der Seiten und die Längen der Diagonalen des Vierecks ABCD.

		$\lvert\overline{AB}\rvert$	$\lvert\overline{BC}\rvert$	$\lvert\overline{CD}\rvert$	$\lvert\overline{AD}\rvert$	$\lvert\overline{AC}\rvert$	$\lvert\overline{BD}\rvert$
a)	A(–4; 1), B(–1; –3), C(11; 2), D(3; 6)						
b)	A(1; –3), B(9; –3), C(13; 0), D(1; 9)						

10 Gegeben seien der Punkt A(5; 2) und der Punkt $B(-3; y_B)$.
Ermitteln Sie die Koordinate y_B von B, sodass A und B den Abstand 10 (LE) haben.

Aus $(\qquad)^2 + (\qquad - y)^2 = 10^2$ folgt $y = \qquad$ bzw. $B(\quad;\quad)$

oder $y = \qquad$ bzw. $B(\quad;\quad)$.

11 Gegeben seien die Punkte A(0; 1) und B(2; 5). Berechnen Sie die Koordinaten eines Punktes $C(x_C; y_C)$ auf der x-Achse, der von A und B gleich weit entfernt ist.

12 Zeigen Sie, dass das Dreieck ABC mit A(–2; –1), B(6; 0) und C(0; 3) ein bei C rechtwinkliges Dreieck ist. Hinweis: Benutzen Sie die Umkehrung des Satzes des Pythagoras.

13 Gegeben seien die Punkte $P_1(8; 9; 5)$ und $P_2(5; 3; -1)$.

a) Bestimmen Sie die Länge s der Strecke $\overline{P_1P_2}$.
b) Welchen Abstand haben die Punkte P1 und P2 jeweils vom Koordinatenursprung?
c) Der Abstand des Punktes $P_3(8; 3; z_3)$ von P_1 sei 10 (LE). Ermitteln Sie z_3.

14 Entnehmen Sie aus der nebenstehenden Abbildung die Koordinaten der Punkte B, G und O und bestätigen Sie, dass $|\overline{BG}|^2 + |\overline{GO}|^2 = |\overline{OB}|^2$ ist. Welche Schlussfolgerung können Sie für das Dreieck OBG ziehen?

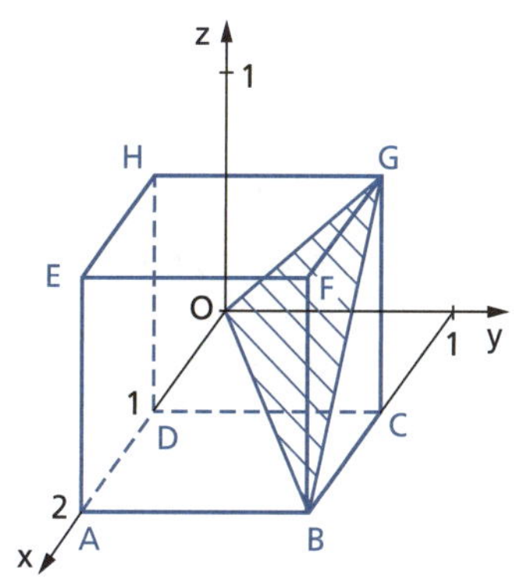

Mittelpunkt einer Strecke

Ist $\overline{P_1P_2}$ mit $P_1(x_1; y_1)$ und $P_2(x_2; y_2)$ eine Strecke in einer Ebene, so gilt für den Mittelpunkt M der Strecke: M(;)

Ist $\overline{P_1P_2}$ mit $P_1(x_1; y_1; z_1)$ und $P_2(x_2; y_2; z_2)$ eine Strecke im Raum, so gilt für den Mittelpunkt M der Strecke: M(; ;)

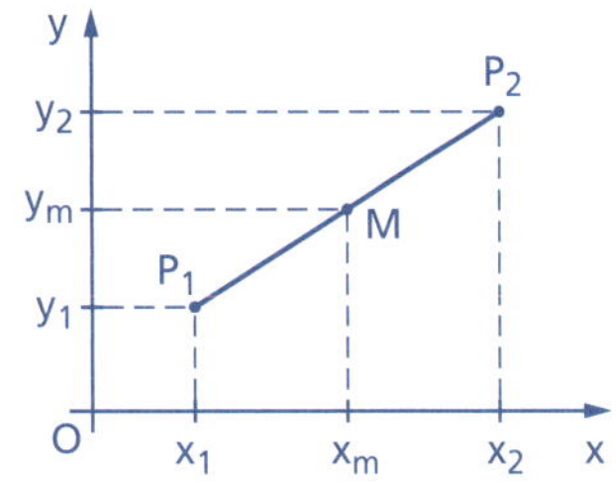

15 Geben Sie die Koordinaten des Mittelpunktes M der Strecke $\overline{P_1P_2}$ mit $P_1(1; 1)$ und $P_2(5; 3)$ an.
Konstruieren Sie den Mittelpunkt M der Strecke $\overline{P_1P_2}$.

M(;)

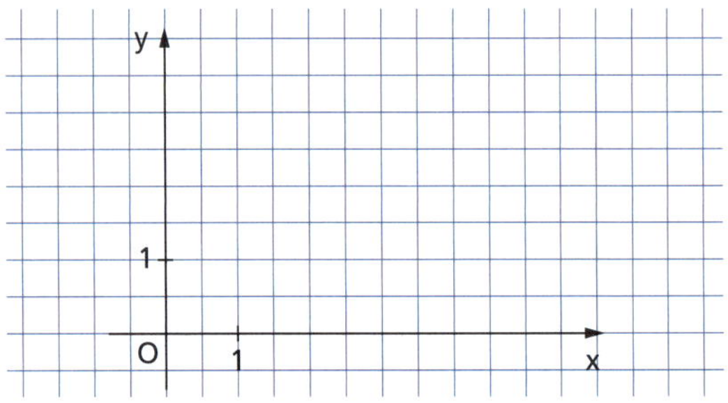

16 Geben Sie jeweils die Koordinaten des Mittelpunktes M der Strecken $\overline{P_1P_2}$ an.

a) $P_1(-1; 3)$, $P_2(7; 3)$

b) $P_1(10; 2)$, $P_2(5; 6)$

c) $P_1(-2; -5)$, $P_2(6; -1)$

d) $P_1\left(\frac{1}{4}; \frac{2}{3}\right)$, $P_2\left(\frac{1}{3}; -\frac{1}{6}\right)$

17 Von einer Strecke $\overline{P_1P_2}$ sind die Koordinaten des Mittelpunktes M und die eines Endpunktes gegeben. Berechnen Sie die Koordinaten des fehlenden Endpunktes.

Aus $x_M = \frac{\quad}{\quad}$ folgt $x_1 =$ bzw. $x_2 =$;

aus $y_M = \frac{\quad}{\quad}$ folgt $y_1 =$ bzw. $y_2 =$.

a) $M(2; -3)$, $P_1(1; -5)$, $P_2(\quad)$

b) $M(0; 0)$, $P_1(3; -2)$, $P_2(\quad)$

c) $M(-2; 1)$, $P_1(\quad)$, $P_2(3; 2)$

18 M sei der Mittelpunkt der Strecke $\overline{AB}$. Bestimmen Sie die fehlenden Koordinaten.

a) $A(8; -5)$, $B(-2; 7)$, $M(x_M; y_M)$

b) $A(0{,}5; -1)$, $B(4{,}3; 6{,}6)$, $M(x_M; y_M)$

c) $A(2; 4)$, $B(x_B; y_B)$, $M(3; 6)$

d) $A(x_A; y_A)$, $B(-1; -2)$, $M(2; -4)$

e) $A(-3; 4)$, $B(x_B; y_B)$, $M(-4; -2)$

f) $A(7; y_A)$, $B(x_B; -1)$, $M(0; 0)$

19 Gegeben sei ein Dreieck ABC mit $A(0; -3)$, $B(7; 0)$ und $C(-1; 6)$.

a) Berechnen Sie die Länge der Seitenhalbierenden s_a im Dreieck ABC. Bestimmen Sie dafür zuerst die Koordinaten des Mittelpunktes der Seite a. $M_a(\quad;\quad)$, $s_a =$ =

b) Geben Sie die Länge der Seitenhalbierenden s_b an. $M_b(\quad;\quad)$, $s_b =$ =

c) Geben Sie die Länge der Seitenhalbierenden s_c an. $M_c(\quad;\quad)$, $s_c =$ =

20 Ein Parallelogramm habe die Eckpunkte A, B, C und D. Bestimmen Sie jeweils die Koordinaten des Mittelpunktes und des vierten Eckpunktes des Parallelogramms.

a) $A(-2; -2)$, $B(4; 1)$, $C(2; 6)$

b) $A(1; 0)$, $B(7; 3)$, $C(6; 5)$

21 Geben Sie jeweils die Koordinaten des Mittelpunktes M der Strecke $\overline{P_1P_2}$ an.

a) $P_1(-1; -4; 2)$, $P_2(5; 6; 4)$, M(;)

b) $P_1(-4; -5; -3)$, $P_2(0; 0; 0)$ M(;)

c) $P_1\left(3; \frac{5}{2}; \frac{9}{2}\right)$, $P_2\left(-3; -\frac{5}{2}; \frac{9}{2}\right)$ M(;)

d) $P_1(1; 1; 1)$, $P_2\left(7; -\frac{5}{7}; \frac{7}{2}\right)$ M(;)

1.3 Flächeninhalt eines Dreiecks

Der Flächeninhalt eines Dreiecks in der Ebene lässt sich aus den kartesischen Koordinaten seiner Eckpunkte berechnen. Sind $P_1(x_1;\, y_1)$, $P_2(x_2;\, y_2)$ und $P_3(x_3;\, y_3)$ Eckpunkte des Dreiecks $P_1P_2P_3$, so gilt:

$A = \frac{1}{2}|x_1(y_2 - y_3) + x_2(y_3 - y_1) + x_3(y_1 - y_2)|$

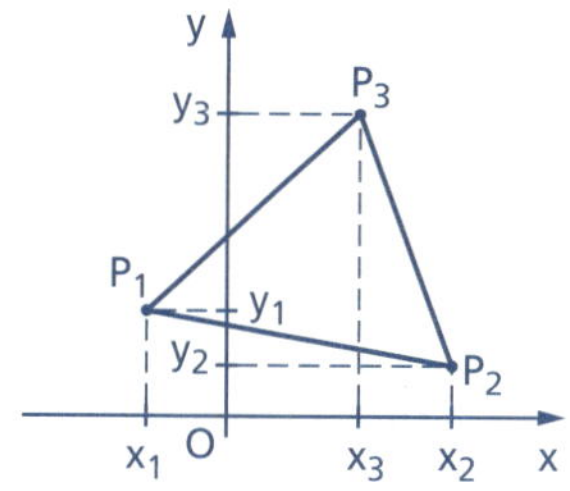

Beispiel: $P_1(-1;\, 1)$, $P_2\left(3;\, \frac{1}{2}\right)$; $P_3(1;\, 3)$

$A = \frac{1}{2}|\_\_\_\,(\_\_\_ - \_\_\_) + \_\_\_\,(\_\_\_ - \_\_\_) + \_\_\_\,(\_\_\_ - \_\_\_)|$

$= \frac{1}{2}|\_\_\_ + \_\_\_ + \_\_\_| = 4{,}5$ FE

22 Berechnen Sie den Flächeninhalt A des Dreiecks $P_1P_2P_3$ mit $P_1(1;\, 1)$, $P_2(5;\, 2)$, $P_3(2;\, 4)$.

A = ___ = ___

23 Berechnen Sie die Seitenlängen und die Flächeninhalte der Dreiecke mit den folgenden Eckpunkten:

a) A(0; 0), B(4; 3), C(1; 5) $|\overline{AB}|$ = ___ $|\overline{BC}|$ = ___ $|\overline{AC}|$ = ___ A = ___

b) A(3; 4), B(–3; –4), C(3; – 4) $|\overline{AB}|$ = ___ $|\overline{BC}|$ = ___ $|\overline{AC}|$ = ___ A = ___

c) A(–1; –1), B(5; –3), C(2; 2) $|\overline{AB}|$ = ___ $|\overline{BC}|$ = ___ $|\overline{AC}|$ = ___ A = ___

24 Ein Streckenzug ist durch die Punkte $P_0(0;\, 2)$, $P_1(1;\, 3)$, $P_2(3;\, 1)$ und $P_3(4;\, 5)$ gegeben.

a) Zeichnen Sie den Streckenzug im kartesischen Koordinatensystem.

b) Wie groß ist das Flächenstück, das von dem Streckenzug, der y-Achse und der x-Achse sowie dem Lot von P_3 auf die x-Achse begrenzt wird?

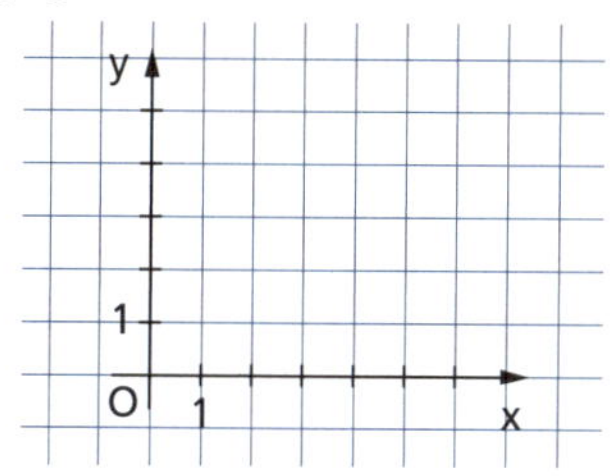

A = ___ + ___ + ___ = ___

25 Geben Sie eine Formel für den Flächeninhalt eines Dreiecks an, welches von den Punkten $P_1(x_1;\, y_1)$, $P_2(x_2;\, y_2)$ und dem Koordinatenursprung gebildet wird.
Unter welcher Bedingung liegen P_1 und P_2 auf einer Geraden durch O?

26 a) Überprüfen Sie rechnerisch, ob die Punkte $P_1(-3;\, 3{,}5)$, $P_2(1;\, 1{,}5)$ und $P_3(4;\, 0)$ ein Dreieck bilden. Nehmen Sie dazu an, dass ein Dreieck vorliegt und berechnen Sie seinen Flächeninhalt.

$A = \frac{1}{2}|\_\_\_ + \_\_\_ + \_\_\_| = \_\_\_$

b) Beschreiben Sie die Lage der Punkte P_1, P_2 und P_3:

___

27 Untersuchen Sie mithilfe der Flächenformel für Dreiecke, ob die Punkte P_1, P_2 und P_3 jeweils auf einer Geraden liegen:

a) $P_1(2;\, 2)$, $P_2(4;\, 3)$, $P_3(-4;\, -1)$

b) $P_1(-2;\, 7)$, $P_2(-1;\, 5)$, $P_3(5;\, -8)$

28 Beweisen Sie die Gültigkeit der oben vorgestellten Formel. Nutzen Sie dazu die oben stehende Abbildung.

1.4 Teilpunkte einer Strecke

***29** Gegeben seien die Punkte $P_1(0; 0)$ und $P_2(8; 3)$.

a) Berechnen Sie die Koordinaten des Teilpunktes T, der die gerichtete Strecke $\overrightarrow{P_1P_2}$ im Verhältnis $\lambda = -4$ teilt.

$x_T = \frac{x_1 + \lambda x_2}{1 + \lambda} =$ $\qquad$ $y_T =$ $\qquad$ $=$

b) In welchem Verhältnis teilt T(–4; 1,5) die gerichtete Strecke $\overrightarrow{P_1P_2}$? $\lambda = \frac{x_T - x_1}{x_2 - x_T} =$

Überprüfen Sie die Ergebnisse durch Eintragungen in ein Koordinatensystem und Messen.

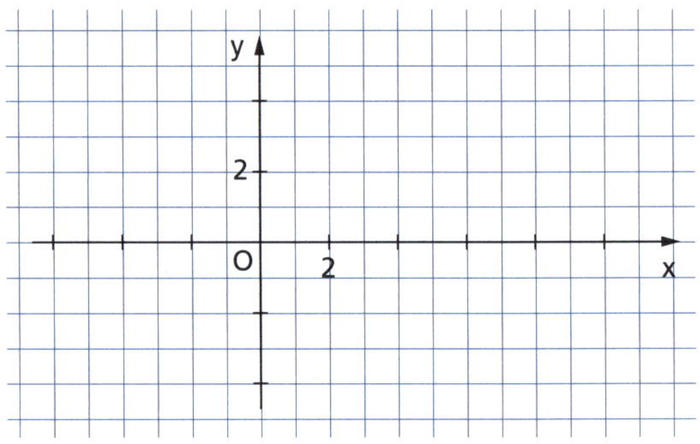

***30** Gegeben seien die Punkte $P_1(-5; 0)$ und $P_2(5; 0)$.
Berechnen Sie die x-Koordinaten des Teilpunktes T, der die gerichtete Strecke $\overrightarrow{P_1P_2}$ im folgenden Verhältnis teilt:

a) $\lambda = 9$, $x_T =$

b) $\lambda = -9$, $x_T =$

c) $\lambda = \frac{1}{4}$, $x_T =$

d) $\lambda = -\frac{1}{4}$ $x_T =$

Überprüfen Sie die Ergebnisse durch eine Zeichnung.

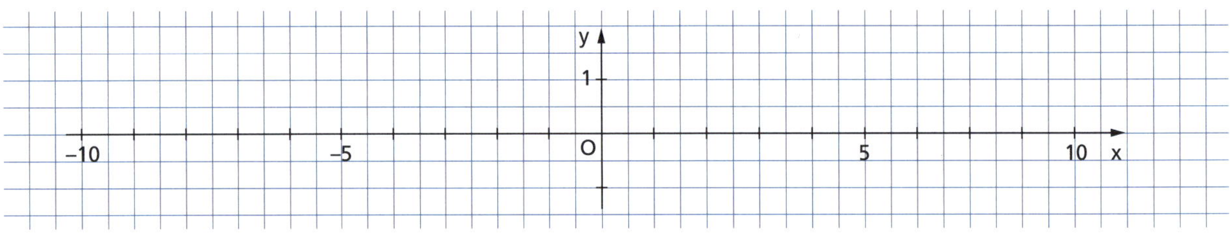

***31** Gegeben seien die Punkte $P_1(-5; 0)$ und $P_2(5; 0)$.
Ermitteln Sie, in welchem Verhältnis jeweils T die gerichtete Strecke $\overrightarrow{P_1P_2}$ teilt:

a) T(0; 0), $\lambda =$

b) T(1; 0), $\lambda =$

c) T(–10; 0), $\lambda =$

d) T(20; 0) $\lambda =$

***32** Gegeben seien die Koordinaten der Eckpunkte eines Dreiecks ABC:
Berechnen Sie die Koordinaten des Schwerpunktes S von Dreieck ABC.
Hinweis: Der Schwerpunkt eines Dreiecks ist der Schnittpunkt seiner Seitenhalbierenden und teilt diese jeweils im Verhältnis 2 : 1.

		M_a	M_b	M_c	x_S	y_S	z_S
a)	A(1; 1), B(9; 3), C(5; 8)						–
b)	A(1; –3), B(3; 1), C(– 4; 2)						–
c)	A(–1; 3; 6), B(4; 4; 5), C(0; 6; –3)						

2 Geraden in der Ebene

2.1 Geradengleichungen

Je nachdem, welche Bestimmungsstücke einer Geraden gegeben sind, gelangt man zu verschiedenen Formen einer Geradengleichung.

Gegeben	Geradengleichung	
Punkt $P_0(x_0; y_0)$ Anstieg m	Punktrichtungs- gleichung	$y - y_0 = \quad (\quad)$
Zwei Punkte $P_1(x_1; y_1)$ und $P_2(x_2; y_2)$	Zweipunkte- gleichung	$y - y_1 = \frac{\quad}{\quad}(\quad)$
Achsenabschnitte S_x und S_y	Achsenabschnitts- gleichung	$\frac{\quad}{\quad} + \frac{\quad}{\quad} = 1$

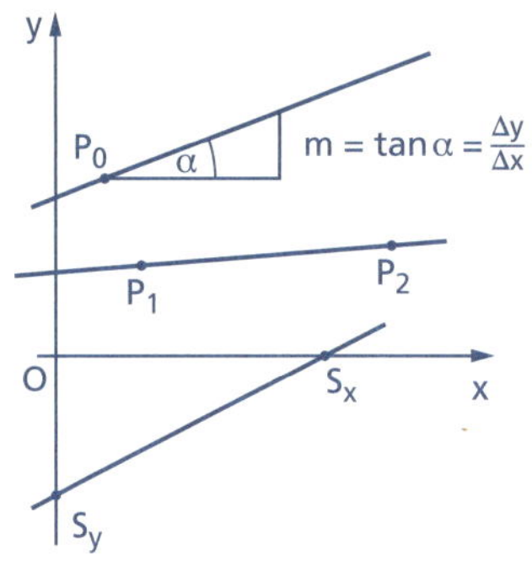

1 Geben Sie in expliziter Form die Gleichung der Geraden g an, die bestimmt ist

a) durch den Punkt A(1; –1) und den Anstieg m = 3,

y – ___ = ___

y = ___

b) durch den Punkt B(0; 0) und den Steigungswinkel $\alpha = 30°$

$m = \tan 30° =$ ___

y = ___

2 Geben Sie in expliziter Form die Gleichung der Geraden g an, die jeweils durch einen Punkt und ihren Anstieg bzw. ihren Steigungswinkel bestimmt ist.

a) g: A(0; –2), $m = \frac{1}{2}$ y = ___

b) g: B(–1; 3), $m = -1$ y = ___

c) g: C(2; 0), $\alpha = 120°$ y = ___

d) g: D(–3; –2), $\alpha = 0°$ y = ___

3 Geben Sie den Steigungswinkel α (falls möglich) und die Schnittpunkte S_x und S_y von g mit der x- bzw. y-Achse an.

	g	m	α	Umformung zur Achsenabschnittsgleichung		S_x	S_y
a)	$y = 3x + 2$			$\frac{y}{2} - \frac{3x}{2} = 1$	$\frac{y}{2} + \frac{x}{-\frac{2}{3}} = 1$		
b)	$y = x - \frac{4}{3}$						
c)	$y = -1$						
d)	$y = -2x + 6$						
e)	$y = -x - 2$						
f)	$x = 2$						
g)	$y = -\frac{1}{3}\sqrt{3}x + 2$						
h)	$y = \sqrt{3}x + \sqrt{3}$						

4 Welche der Punkte $P_1(-8; 3)$, $P_2(2; -2)$, $P_3(-1; -4)$, $P_4(-4; -7)$, $P_5(-4; 4)$, $P_6(1; 5)$, $P_7(0{,}8; -2{,}2)$ sind Punkte der Geraden g mit der folgenden Gleichung:

a) g: $-x + y + 3 = 0$
b) g: $y = 2{,}4x + 2{,}6$
c) g: $y = \frac{x}{4} + 5$
d) g: $x + 2y + 2 = 0$
e) g: $y = -3x + 2$
f) g: $x + y = 0$

Zeichnen Sie die Geraden in ein Koordinatensystem und bestimmen Sie die Schnittpunkte S_x und S_y von g mit der x- bzw. y-Achse.

5 Geben Sie eine Gleichung für die Gerade g an, die durch den Punkt $P_0(-2; 3)$ geht und

a) den Anstieg $m = 1$ hat,
b) parallel zur x-Achse ist,
c) parallel zur y-Achse ist,
d) parallel zur Geraden h mit der Gleichung h: $y = 3x$ verläuft.

6 Von einer Geraden g sind der Schnittpunkt S_y mit der y-Achse und ein weiterer Punkt bekannt. Ermitteln Sie den Schnittpunkt S_x der Geraden g mit der x-Achse.

		Anstieg	Geradengleichung	Schnittpunkt S_x
a)	$S_y(0; 2)$, $P_0(-2; -4)$			
b)	$S_y(0; -3)$, $P_0(1; 3)$			
c)	$S_y(0; 0)$, $P_0(-2; 4)$			
d)	$S_y(0; -2)$, $P_0(2; 0)$			

7 Eine Gerade g sei durch die zwei Punkte $P_1(-3; 2)$ und $P_2(1; 1)$ bestimmt.
Ermitteln Sie eine Gleichung der Geraden g und geben Sie diese Gleichung in der expliziten Form $y = mx + n$ an.
Zeichnen Sie die Gerade in ein Koordinatensystem und geben Sie deren Achsenabschnittsgleichung an.

Zweipunktegleichung:

Explizite Form:

Achsenabschnittsgleichung:

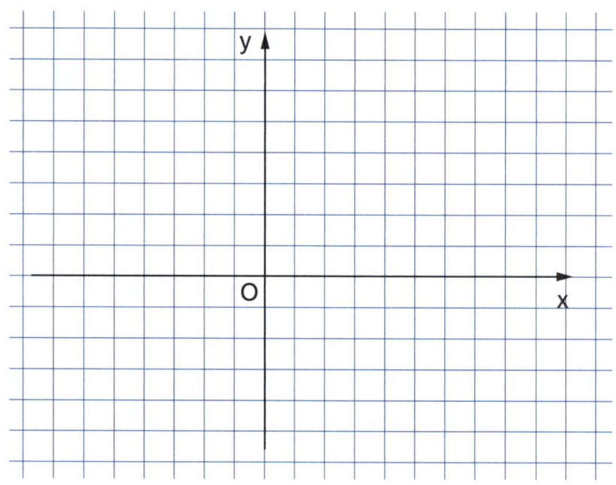

8 Eine Gerade g sei durch zwei Punkte P_1 und P_2 bestimmt. Ermitteln Sie eine Gleichung der Geraden g und geben Sie diese Gleichung in der expliziten Form $y = mx + n$ an. Zeichnen Sie die Gerade in ein Koordinatensystem und geben Sie deren Achsenabschnittsgleichung an.

	P_1 und P_2	Zweipunktegleichung	explizite Form	Achsenabschnittsgleichung
a)	$P_1(6; 5)$, $P_2(8; 7)$			
b)	$P_1\left(\frac{3}{2}; 1\right)$, $P_2(6; -2)$			
c)	$P_1\left(2; -\frac{1}{2}\right)$, $P_2\left(-3; \frac{1}{3}\right)$			
d)	$P_1(-1; -2)$, $P_2(1; 4)$			

9 Stellen Sie eine Gleichung der Geraden g auf, die durch den Koordinatenursprung und den gegebenen Punkt P verläuft. Ermitteln Sie den Anstieg m und den Steigungswinkel α der Geraden.

	Punkt P	Geradengleichung	Anstieg m	Steigungswinkel α
a)	$P\left(7; \frac{7}{2}\right)$			
b)	$P(-2; -6)$			
c)	$P(3; -3)$			
d)	$P\left(-2; 2\cdot\sqrt{3}\right)$			

10 Eine Gerade g sei jeweils durch zwei Punkte P_1 und P_2 bestimmt. Ermitteln Sie die Achsenabschnittsgleichung von g sowie deren Schnittpunkte S_x und S_y mit der x- bzw. y-Achse.

	P_1 und P_2	explizite Form der Geradengleichung	Achsenabschnitts-gleichung	S_x	S_y
a)	$P_1(-3; 16)$, $P_2\left(2; \frac{8}{3}\right)$				
b)	$P_1(-5; 2)$, $P_2\left(\frac{5}{2}; \frac{1}{2}\right)$				
c)	$P_1\left(-1; \frac{3}{2}\right)$, $P_2(0; 3)$				
d)	$P_1(-1; 2{,}5)$, $P_2(0{,}5; -5)$				

11 Prüfen Sie, ob die nachfolgend jeweils angegebenen drei Punkte auf derselben Geraden liegen:

a) A(4,3; 5,2), B(5,9; 7,6), C(6,7; 8,8) z. B. Gerade durch A und B: y = ; $C \in g$?

b) A(– 4,5; –1,9), B(–2,1; –0,3), C(–0,1; 0,9) Gerade durch A und B: y = ; $C \in g$?

12 Beschreiben Sie die Menge aller Punkte P(x; y), deren Koordinaten die Gleichung $|x| + |y| = 1$ erfüllen und veranschaulichen Sie diese Menge in einem Koordinatensystem.
Führen Sie eine Fallunterscheidung durch.

Fall 1: $x \geq 0$ und $y \geq 0$ $\Rightarrow$ = 1 bzw. y =

Fall 2: $x \leq 0$ und $y \geq 0$ $\Rightarrow$ = 1 bzw. y =

Fall 3: und $\Rightarrow$ = 1 bzw. y =

Fall 4: und $\Rightarrow$ = 1 bzw. y =

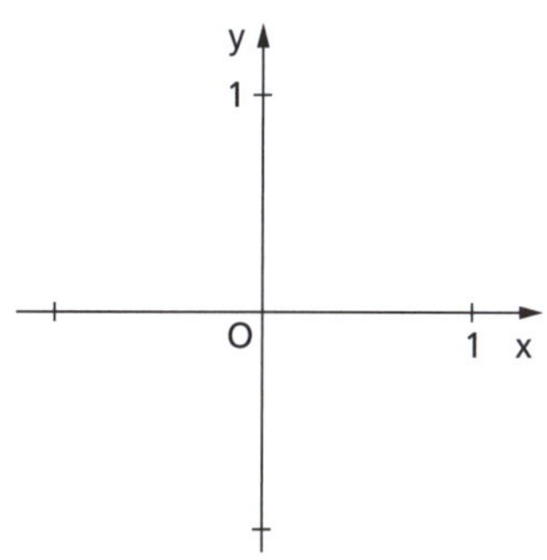

Ergebnis:

- Die entsprechende Punktmenge wird .
- Jede Seitenlänge beträgt .
- Die Diagonalen .
- Sein Mittelpunkt .

2.2 Lagebeziehungen zweier Geraden in der Ebene

Zwei Geraden g_1 und g_2 mit den Gleichungen
g_1: (I) $y = m_1x + n_1$ und g_2: (II) $y = m_2x + n_2$
sind zueinander parallel | sind identisch | oder | schneiden einander.

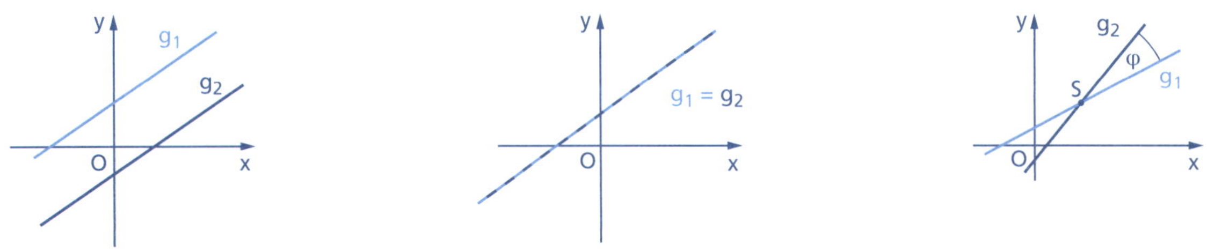

m_1 ☐ m_2; n_1 ☐ n_2 | m_1 ☐ m_2; n_1 ☐ n_2 | m_1 ☐ m_2

Das Gleichungssystem mit den Gleichungen (I) und (II) hat

13 Welche zwei der jeweils vier Geraden g_1, g_2, g_3 und g_4 schneiden einander, sind echt parallel zueinander oder fallen zusammen? Begründen Sie mithilfe der Tabelle.

Gerade	m	n
g_1: $y = -\frac{1}{4}x + 4$		
g_2: $x + 4y = -4$		
g_3: $x - y = 1$		
g_4: $\frac{1}{2}x + 2y = 8$		

Lagebeziehungen			
g_1 und g_2:		g_2 und g_3:	
g_1 und g_3:		g_2 und g_4:	
g_1 und g_4:		g_3 und g_4:	

14 Begründen Sie, dass die Geraden g_1 und g_2 nicht parallel zueinander sind und berechnen Sie die Koordinaten des Schnittpunktes. Ermitteln Sie eine Gleichung für die Parallele h zur Geraden g_1, die durch den Koordinatenursprung verläuft.

g_1: $x + \frac{1}{4}y - 4 = 0 \Rightarrow g_1$: $y =$

g_2: $x - y + 1 = 0$ h: $y =$

Durch Lösen des Gleichungssystems aus g_1 und g_2 erhält man den Schnittpunkt S(;).

15 Schreiben Sie ein lineares Gleichungssystem auf, dass sich besonders effizient a) mit dem Gleichsetzungsverfahren, b) mit dem Einsetzungsverfahren und c) nach dem Additionsverfahren lösen lässt. Beschreiben Sie Vorteile des gaußschen Eliminierungsverfahrens.

a) b) c)

16 Ermitteln Sie jeweils eine Gleichung für die Parallele h zur Geraden g, die den Punkt P enthält.

a) g: $y = -2x - 4$, P(1; 2) b) g: $y = -\frac{1}{3}x + 5$, P(0; 0) c) g: $y = \frac{1}{4}x$, P(4; –2)

17 Berechnen Sie jeweils die Koordinaten des Schnittpunktes der Geraden g_1 und g_2, sofern die Geraden g_1 und g_2 nicht parallel sind. Ermitteln Sie eine Gleichung für die Parallele h_1 zur jeweiligen Geraden g_1, die durch den Koordinatenursprung verläuft.

a) g_1: $y = -\frac{1}{4}x - 1$
g_2: $y = \frac{1}{2}x - 4$

b) g_1: $4x - y + 10 = 0$
g_2: $2x - \frac{1}{2}y + 5 = 0$

c) g_1: $y = -x + \frac{5}{2}$
g_2: $y = -2x + 5$

d) g_1: $y = \frac{7}{3}x + 2$
g_2: $y = \frac{7}{3}x - 2$

e) g_1: $3x - y = -24$
g_2: $x - 3y = 0$

f) g_1: $2x - 3y = -6$
g_2: $y = \frac{2}{3}x + 2$

18 Notieren Sie jeweils die Gleichungen der Parallelen zu den Koordinatenachsen durch den angegebenen Punkt.

a) $P_1(3;\ 4)$ x = ___ y = ___

b) $P_2\left(0;\ -\frac{5}{7}\right)$ x = ___ y = ___

c) $P_3\left(-\frac{4}{9};\ 0\right)$ x = ___ y = ___

d) $P_4(0;\ 0)$ x = ___ y = ___

e) $P_5(-2;\ -3)$ x = ___ y = ___

f) $P_6\left(0{,}5;\ -\frac{1}{3}\right)$ x = ___ y = ___

19 Die Gerade g hat den Anstieg m und verläuft durch den Punkt P_1. Die Gerade h verläuft durch die Punkte P_2 und P_3. Bestimmen Sie jeweils die gegenseitige Lage von g und h. Berechnen Sie gegebenenfalls den Schnittpunkt.

		Gleichung von g	Gleichung von h	Lagebeziehung	S
a)	$m = \frac{1}{2}$, $P_1(6;\ 0)$, $P_2(5;\ -2)$, $P_3(-1;\ 4)$				
b)	$m = 8$, $P_1(1;\ 1)$, $P_2(-1;\ -15)$, $P_3(1{,}7;\ 6{,}6)$				
c)	$m = -\frac{2}{3}$, $P_1(3;\ 3)$, $P_2(-3;\ -3)$, $P_3(0;\ -5)$				
d)	$m = -\frac{1}{3}$, $P_1(3;\ -2)$, $P_2(1;\ 2{,}4)$, $P_3\left(\sqrt{5};\ \frac{12}{5}\right)$				

20 Die Seiten eines Dreiecks werden durch die Geraden g_1, g_2 und g_3 mit g_1: $y = \frac{1}{3}x$, g_2: $y = -x + 8$, g_3: $y = 5x + 14$ gebildet.

a) Ermitteln Sie die Koordinaten der Eckpunkte des Dreiecks.

A(;), B(;), C(;)

b) Bestimmen Sie die Gleichungen der Geraden, auf denen die Seitenhalbierenden liegen.

s_a: y = ___ s_b: y = ___ s_c: y = ___

c) Geben Sie die Koordinaten des Schnittpunktes der Seitenhalbierenden an. S(;)

Die Rechnungen unter a) – c) sind durch eine Zeichnung zu überprüfen.

21 Welche zwei der vier Geraden g_1, g_2, g_3 und g_4 mit folgenden Gleichungen sind zueinander parallel bzw. orthogonal?

g_1: $y = \frac{1}{2}x - \frac{1}{2}$ g_2: $y = -2x - 4$ g_3: $y = 3x - 4$ g_4: $y = -2x + 1$

zueinander parallel: ___ zueinander orthogonal: ___

2.3 Schnittwinkel und Orthogonalität zweier Geraden

Für den Schnittwinkel φ zweier Geraden g_1 und g_2 mit den Anstiegen m_1 und m_2 gilt:

$\tan\varphi = \frac{\quad}{\quad}$ $(\varphi \leq 90°)$

g_1 und g_2 sind zueinander orthogonal, wenn:

$m_1 \cdot m_2 =$ ___ bzw. $m_1 =$ ___

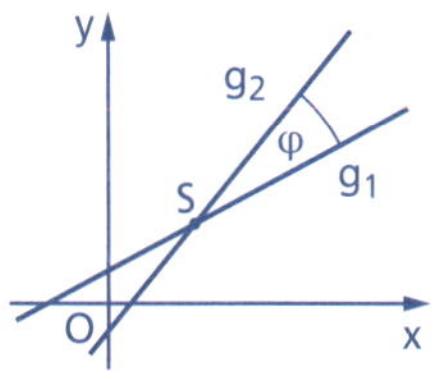

22 Gegeben sind die Geraden g_1: $y = \frac{1}{3}x + 1$ und g_2: $y = \frac{3}{2}x - 2$.

① g_1 und g_2 schneiden einander, denn ___

② Für den Schnittwinkel gilt: $\tan\varphi = \frac{\quad}{\quad} =$ ___ ; $\varphi =$ ___

23 Die Gerade g hat den Anstieg m_1. Bestimmen Sie den Anstieg m_2 einer Orthogonalen zu g.

a) $m_1 = \frac{3}{5}$ $m_2 =$ ___
b) $m_1 = -\frac{1}{4}$ $m_2 =$ ___
c) $m_1 = \sqrt{2}$ $m_2 =$ ___
d) $m_1 = -3$ $m_2 =$ ___
e) $m_1 = -0{,}75$ $m_2 =$ ___
f) $m_1 = -0{,}1$ $m_2 =$ ___

24 Gegeben seien die Gerade g mit g: $y = 3x - 4$ und der auf g liegende Punkt $P_0(2; 2)$. Ermitteln Sie eine Gleichung der in P_0 auf g errichteten Senkrechten.

$m_g =$ ___ ; $m_s =$ ___ ; s: $y -$ ___ $=$ ___ $(x -$ ___ $)$; $y =$ ___

25 Geben Sie jeweils eine Gleichung für das Lot vom Punkt P auf die Gerade g an. Berechnen Sie jeweils die Koordinaten des Lotfußpunktes.

a) P(1; 2), g: $2x - y + 4 = 0$

Lot von P auf g: $m =$ ___ ; $y -$ ___ $=$ ___ $(x -$ ___ $)$; $y =$ ___

Lotfußpunkt (Schnittpunkt von Gerade g und Lot): S(___ ; ___)

b) P(4; 0), g: $x + 4y - 4 = 0$
Lot: $y =$ ___ S(___ ; ___)

c) $P\left(2; \frac{5}{8}\right)$, g: $y = -\frac{4}{3}x - 4$
Lot: $y =$ ___ S(___ ; ___)

d) P(2,5; −1,5), g: $y = -3$
Lot: $y =$ ___ S(___ ; ___)

26 Berechnen Sie jeweils den Abstand des Koordinatenursprungs von der Geraden g.

		Lot vom Koordinatenursprung auf g	Lotfußpunkt	Abstand
a)	g: $y = \frac{1}{2}x - 3$			
b)	g: $y = -\frac{5}{4}x + 5$			
c)	g: $y = 4$			

27 Berechnen Sie die Koordinaten des Höhenschnittpunktes der Dreiecke ABC.

a) A(−4; 1), B(2; −2), C(2; 5)

b) A(0; 0), B(5; 1), C(1; 5)

B Lineare Gleichungssysteme und Matrizen

1 Lineare Gleichungssysteme

1.1 Lineare Gleichunssysteme mit mehr als zwei Variablen

Das folgende Gleichungssystem hat (auf der linken Seite) eine Dreiecksform.
Bestimmen Sie die Lösungsmenge des Gleichungssystems.

(I) $x_1 + x_2 + x_3 + x_4 = 2$ $x_1 =$

(II) $3x_2 + 4x_3 + x_4 = -5$ $x_2 =$

(III) $-x_3 - x_4 = -1$ $x_3 =$

(IV) $2x_4 = 6$ $\Rightarrow$ $x_4 =$

Lösungsmenge: $L = \{(\ ; \ ; \ ; \ )\}$

Um ein Gleichungssystem in eine Dreiecksform zu bringen, wird es nach dem gaußschen Eliminierungsverfahren in mehreren Schritten so umgeformt, dass jede Gleichung gegenüber der darüberstehenden eine Variable weniger enthält.

1 Gegeben ist das Gleichungssystem (I) $6x - 3y = 4$
(II) $-2x + 2y = -1$

Welche Rechenoperation ist für die Anwendung des gaußschen Eliminierungsverfahrens ein sinnvoller erster Schritt? Kreuzen Sie an.

- Addition des 6fachen der zweiten Gleichung zur ersten
- Addition des 3fachen der zweiten Gleichung zur ersten
- Subtraktion des 3fachen der zweiten Gleichung von der ersten
- Subtraktion des 2fachen der zweiten Gleichung von der ersten
- Addition der zweiten Gleichung zur ersten

2 Lösen Sie mit dem gaußschen Eliminierungsverfahren das folgende lineare Gleichungssystem:

(I) $x + 2y + z = 9$ (I') (I")

(II) $x - y + 2z = 2$ (II') (II")

(III) $2x - 3y + 3z = -1$ (III') (III")

Lösung: $z =$ $y =$ $x =$

3 Lösen Sie mit dem gaußschen Eliminierungsverfahren folgende lineare Gleichungssysteme:

a) $2x + 2y + z = 2$
$x + \frac{1}{2}y + z = 1$
$\frac{3}{2}x - 3y + z = 3$

b) $x - 4y + 2z = -6$
$2x + 3y + z = 5$
$-3x + 6y + z = -2$

c) $2y + z = 2$
$2x + 5y - 2z = -1$
$x + 3y - 3z = -4$

d) $2x + y - z = 0$
$x + 3z = -1$
$4x + z = 7$

e) $5x + 2y = -2$
$2x + 3z = 0$
$6y + 3z = 11$

f) $3x + 2y + z = 40$
$-5x - 5y - 2z = -81$
$x + 4y + 3z = 58$

1.2 Lösbarkeit und Lösungsmenge von linearen Gleichungssystemen

Lösbarkeit eines linearen Gleichungssystems

Führt das gaußsche Eliminierungsverfahren bei der Umformung eines linearen Gleichungssystems in eine Trapez- oder Dreiecksform zu keinem Widerspruch, so ist das System *lösbar*. Entsteht ein Widerspruch (am Ende $0 = b$ mit $b \neq 0$), so ist das Gleichungssystem *nicht* lösbar.

Lösungsmengen für lösbare Gleichungssysteme (mit 3 Variablen)

- Das Gleichungssystem hat *genau eine Lösung*, falls mithilfe des gaußschen Algorithmus auf der linken Seite eine Dreiecksform erreichbar ist.
- Führen die Umformungen zu einer Trapezform, so hat das Gleichungssystem *unendlich viele Lösungen*. Für Gleichungssysteme mit 3 Variablen erhält man dann Lösungsmengen (Tripel reeller Zahlen), die mithilfe von einem freien Parameter oder von zwei freien Parametern darstellbar sind.

4 Lösen Sie die folgenden linearen Gleichungssysteme:

a) $$\begin{aligned} 8x + 2y &= 0 \\ y - 3z &= 13 \\ 2x &= 4 \end{aligned}$$

b) $$\begin{aligned} x - y + 2z &= 5 \\ -3y &= 18 \\ x - 3y + 7z &= 7 \end{aligned}$$

c) $$\begin{aligned} 2x - 3y + 3z &= 0 \\ x + z &= 0 \\ 3x + 6y + z &= 0 \end{aligned}$$

5 Ein lineares Gleichungssystem besitzt die Lösungen $x_1 = 1$; $x_2 = -2$; $x_3 = 4$.
Ermitteln Sie mögliche Gleichungen des Systems.

6 Formen Sie die folgenden Gleichungssysteme nach dem gaußschen Eliminierungsverfahren um und ermitteln Sie jeweils die Anzahl der Lösungen.

Anzahl der Lösungen

a) $$\begin{aligned} 3x + 2y - 3z &= 4 \\ -x + 2y - 3z &= 2 \\ 3x - 4y + 6z &= -2 \end{aligned}$$ z. B.

b) $$\begin{aligned} 2x + 4y - z &= 0 \\ -3x - 4y + 3z &= 1 \\ x - 2z &= -1 \end{aligned}$$

c) $$\begin{aligned} 2x + 4y - 4z &= 8 \\ -x - 2y + 2z &= -4 \end{aligned}$$

d) $$\begin{aligned} 2x + y - z &= 3 \\ -x + 2y - z &= -5 \\ 3x + y - 3z &= -2 \\ -2x + 2y - z &= -8 \end{aligned}$$

7 Lösen Sie die folgenden Gleichungssysteme, bei denen

a) die Anzahl der Gleichungen größer ist als die der Variablen:

① $2x - 5 = 0$
$\frac{1}{10}x - \frac{1}{4} = 0$

Lösung:

② $0{,}3x = 0{,}1$
$2{,}7x = 1{,}2$

Lösung:

③ $3x_1 + x_2 = 9$
$-x_1 + 2x_2 = 4$
$2x_1 + 3x_2 = 5$

Lösung:

b) die Anzahl der Gleichungen kleiner oder gleich die der Variablen ist:

① $2x_1 - 3x_2 + x_3 = 2$
$-2x_1 + 3x_2 - x_3 = -1$

Lösung:

② $x_1 + x_2 - 3x_3 = 1$
$x_1 + 2x_2 - 5x_3 = -1$

Lösung:

③ $x_1 - x_3 = 5$
$x_1 + x_2 = 3$
$2x_1 + x_2 - x_3 = 8$

Lösung:

8 Gegeben sei das Gleichungssystem

$$\begin{aligned} x + y + z &= 3 \\ 2x - y + 3z &= 19 \\ x + 2y + \alpha z &= -10 \end{aligned}$$

Es sei (x; y; 4) eine Lösung des Gleichungssystems. Es gibt genau einen Wert α, für den das System dann eindeutig lösbar ist. Ermitteln Sie α und geben Sie die Lösungsmenge des Systems an.

9 Gegeben ist das Gleichungssystem

$$\begin{aligned} x + 2y &= 8 \\ -2x - ay &= b \end{aligned}$$

Diskutieren Sie die Lösbarkeitsfälle für das Gleichungssystem.

Genau eine Lösung: a = b =

Keine Lösung: a = b =

Unendlich viele Lösungen: a = b =

10 Die Anwendung des gaußschen Eliminierungsverfahrens führte zu folgendem Gleichungssystem:

(I) $x + y - 3z = 1$
(II) $-y + 2z = 2$

Kreuzen Sie für folgende Aussagen die richtige Antwort an. Das System hat

① keine Lösung
② genau eine Lösung
③ endlich viele Lösungen
④ unendlich viele Lösungen in Abhängigkeit eines Parameters
⑤ unendlich viele Lösungen in Abhängigkeit zweier Parameter

11 Gegeben ist das Gleichungssystem

(I) $x + y + 2z = 8$
(II) $y + az = 8$
(III) $bz = 1$

Die Parameter a und b sollen so gewählt werden, dass das System keine Lösung hat.
Kreuzen Sie die richtige Antwort an.

① $a = -2;\ b = -1$
② $a = 2;\ b = 8$
③ $a = 2;\ b = 1$
④ $a = 0;\ b = 1$
⑤ $a = 4;\ b = 0$

12 Das folgende Gleichungssystem besteht aus drei Gleichungen mit vier Variablen.

a) Ermitteln Sie die Lösungsmenge, indem Sie für x_4 einen freien Parameter t mit $t \in \mathbb{R}$ einsetzen.

$$\begin{aligned} x_1 + 2x_2 + x_3 - 2x_4 &= 8 \\ x_2 + 2x_3 - 3x_4 &= 8 \\ x_3 - 2x_4 &= 3 \\ \hline x_4 &= t \quad (t \in \mathbb{R}) \end{aligned}$$

$x_3 =$ ____ $x_2 =$ ____ $x_1 =$ ____

b) Geben Sie drei spezielle Lösungen des Gleichungssystems an.

z. B. $t_1 =$ ____ $\Rightarrow L_1 = \{(\ ;\ ;\ )\}$

$t_2 =$ ____ $\Rightarrow L_2 = \{(\ ;\ ;\ )\}$

$t_3 =$ ____ $\Rightarrow L_3 = \{(\ ;\ ;\ )\}$

13 Lösen Sie mit dem gaußschen Eliminierungsverfahren die folgenden Gleichungssysteme:

a) (I) $x + y - z = 2$
(II) $3x + 4y - 6z = 4$

b) (I) $2x + 3y - 5z = 2$
(II) $x + 2z = 4$
(III) $3x + 2y = 8$

Vergleichen Sie in beiden Fällen jeweils das gegebene Gleichungssystem mit der erhaltenen Lösungsmenge.

14 Lösen Sie folgende Gleichungssysteme. (Geben Sie alle Lösungen an.)

a) $$\begin{aligned} 3x - y + 2z &= 0 \\ -2x + 2y + z &= 0 \\ -4x + 4y + 2z &= 0 \end{aligned}$$

b) $$\begin{aligned} x + y + z &= 0 \\ -9x - y - 3z &= 0 \\ -3x + 5y + 3z &= 0 \end{aligned}$$

c) $$\begin{aligned} -2x + 11y + 3z &= 0 \\ 3x + 11y + z &= 0 \\ 4x - 2y - 2z &= 0 \end{aligned}$$

15 Lösen Sie das folgende Gleichungssystem mithilfe zwei freier Parameter $s \in \mathbb{R}$ und $t \in \mathbb{R}$ und geben Sie drei spezielle Lösungen an.

$$\begin{aligned} 2x_1 + 4x_2 - 4x_3 &= 8 \\ -x_1 - 2x_2 + 2x_3 &= -4 \\ \hline \end{aligned}$$

____ $x_2 =$ ____ ; $x_3 =$ ____ $x_1 =$ ____ $(s, t \in \mathbb{R})$

Beispiellösungen: $s_1 =$ ____ $t_1 =$ ____ $\Rightarrow L_1 = \{(\ ;\ ;\ )\}$

$s_2 =$ ____ $t_2 =$ ____ $\Rightarrow L_2 = \{(\ ;\ ;\ )\}$

$s_3 =$ ____ $t_3 =$ ____ $\Rightarrow L_3 = \{(\ ;\ ;\ )\}$

16 Lösen Sie mit dem gaußschen Eliminierungsverfahren folgende lineare Gleichungssysteme:

a) $$\begin{aligned} x_1 + 2x_2 - x_3 + x_4 &= 6 \\ -2x_1 + 2x_2 + 6x_3 + 4x_4 &= -2 \\ x_1 + 5x_2 - 4x_3 + 2x_4 &= 15 \\ x_1 + 5x_2 + 6x_3 + 5x_4 &= 4 \end{aligned}$$

b) $$\begin{aligned} x_1 + 2x_2 + x_3 - 2x_4 &= 8 \\ x_1 + x_2 - x_3 + x_4 &= 0 \\ 2x_1 + x_2 - x_3 - x_4 &= 1 \\ x_1 + x_2 + x_3 - 3x_4 &= 6 \end{aligned}$$

c) $$\begin{aligned} 2x_1 + 3x_2 - 5x_3 + 4x_4 &= 0 \\ x_1 + 2x_2 + x_3 - 3x_4 &= 5 \end{aligned}$$

d) $$\begin{aligned} x_2 + x_3 + 2x_4 - 3x_5 &= 6 \\ x_1 + 2x_2 - x_3 - 3x_4 - 2x_5 &= 1 \\ 2x_3 + 6x_4 - 2x_5 &= 4 \end{aligned}$$

1.3 Lösen von Anwendungsproblemen

17 Ein Weingut bietet drei Geschenkkartons mit je sechs Weinflaschen an. Dazu gehören drei Sorten Wein unterschiedlicher Qualität und Preislage.
Berechnen Sie für die einzelnen Weinsorten den Preis je Flasche.

	Anzahl der Flaschen je Sorte			Preis je Sortiment
	I	II	III	
Sortiment 1	1	3	2	52,00 €
Sortiment 2	2	2	2	50,00 €
Sortiment 3	1	4	1	49,00 €

Gleichung 1	
Gleichung 2	
Gleichung 3	

Preis für Sorte I: ______ für Sorte II: ______ für Sorte III: ______

18 Für die Herstellung von Kupferlegierungen stehen Legierungen L_1, L_2 und L_3 mit den in der Tabelle angegebenen Zusammensetzungen zur Verfügung.
Prüfen Sie, ob die Herstellung einer Kupferlegierung L, die

	L_1	L_2	L_3
Kupfer	80	80	95
Zink	10	0	5
Zinn	10	20	0

a) 90 % Kupfer, 5 % Zink und 5 % Zinn, b) 85 % Kupfer, 10 % Zink und 5 % Zinn

enthält, aus den Legierungen L_1, L_2 und L_3 möglich ist und geben Sie gegebenenfalls an, in welchem Verhältnis diese drei Legierungen eingeschmolzen werden müssen.
Stellen Sie ein Gleichungssystem auf und lösen Sie dieses.

a)		b)	
(I)	______ = 1	(I)	______
(II)	______ = 90	(II)	______
(III)	______ = 5	(III)	______
(IV)	______ = 5	(IV)	______

Lösung: $x_1 =$ ____ $x_2 =$ ____ $x_3 =$ ____ $x_1 =$ ____ $x_2 =$ ____ $x_3 =$ ____

Verhältnis der Legierungen L_1 zu L_2 zu L_3:

a) ______ b) ______

19 In einem Laborexperiment enthält eine Population Fliegen mit 3 verschiedenen Merkmalen A, B, C (z. B. krankhafte Veränderungen o.Ä.). Bei der Vermehrung werden diese Merkmale an die nachfolgenden Generationen so weitergegeben, dass auf lange Sicht immer die gleiche Endverteilung der Merkmale A, B, C entsteht, gleich wie die Merkmale am Anfang des Laborexperiments in der ersten Generation verteilt sind. Im vorliegenden Experiment wird die Weitergabe der Merkmale im statistischen Mittel mit den Übergangswahrscheinlichkeiten aus der nebenstehenden Tabelle angegeben. So haben z. B. Fliegen mit dem Merkmal B mit 4 % Wahrscheinlichkeit Nachkommen mit Merkmal A usw. Berechnen Sie die Endverteilung der Merkmale A, B, C der Fliegenpopulation nach hinreichend vielen Generationen.

zu \ von	A	B	C
A	0,7	0,4	0,4
B	0,1	0,5	0,2
C	0,2	0,1	0,4

2 Matrizen

2.1 Koeffizientenmatrizen und Vektoren

Lineare Gleichungssysteme können mithilfe von Zahlenschemata, sogenannten Matrizen, beschrieben und gelöst werden.

Zu beschreibendes Gleichungssystem:

$$\begin{aligned} 2x + 3y - z &= 1 \\ x + 3y \quad z &= 2 \\ -2x - 2y + 4z &= 4 \end{aligned}$$

Die aus drei Spalten bestehende Matrix **A** enthält lediglich die Koeffizienten der Variablen und heißt deshalb **Koeffizientenmatrix** des Gleichungssystems. **A** = ( )

Die Absolutglieder des Gleichungssystems bilden einen **Spaltenvektor** $\vec{b}$ mit drei Elementen, also eine (3; 1)-Matrix. $\vec{b}$ = ( )

Die aus Koeffizienten und Absolutgliedern bestehende Matrix heißt **erweiterte Koeffizientenmatrix** (**A**, $\vec{b}$). (**A**, $\vec{b}$) = ( )

Das Element a_{24} der Matrix (**A**, $\vec{b}$) ist die Zahl ______ .

1 Beschreiben Sie die folgenden Gleichungssysteme jeweils durch eine erweiterte Koeffizientenmatrix und geben Sie die gesuchten Elemente der Matrix an.

a) $2x + 4y = 13$
$3x + 5y = 15$
M = ( ); m_{11} = ______ m_{21} = ______

b) $4x + 2y - 7z = -3$
$3x - 5y - 6z = -1$
$5x + 3y - 4z = 13$
M = ( ); m_{24} = ______ m_{32} = ______

c) $2x_1 + 3x_2 - 5x_3 = 2$
$x_1 + \quad 2x_3 = 4$
$3x_1 + 2x_2 \quad = 8$
M = ( ); m_{33} = ______ m_{13} = ______

2 Interpretieren Sie die drei Schirmbilder.
(Die Bezeichnung rref drückt einen Rechnerbefehl zur Bearbeitung von Matrizen aus.)

linke Matrix | rechte Matrix

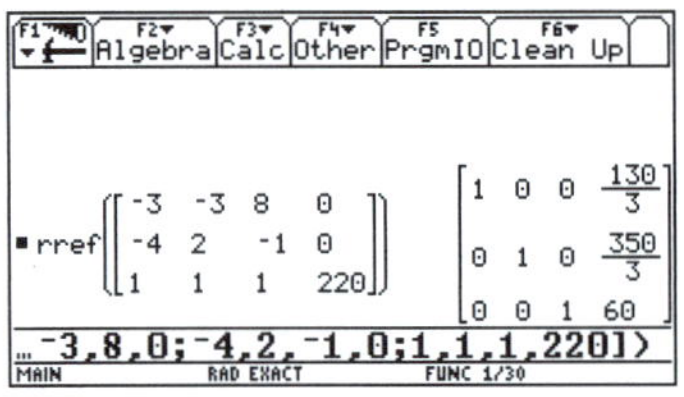

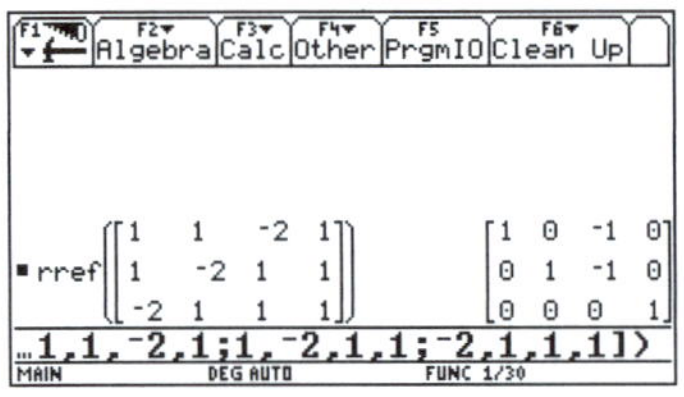

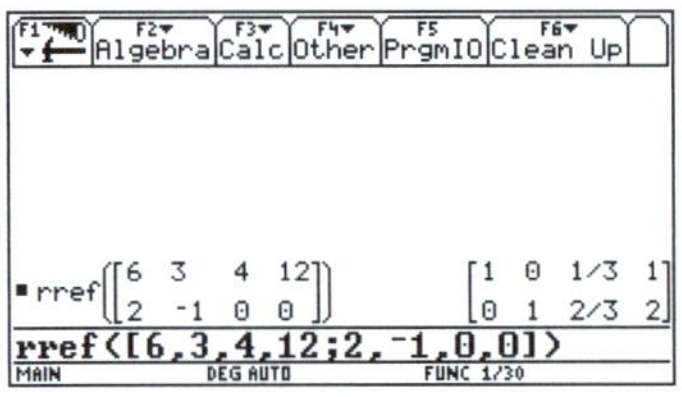

2.2 Rechenoperationen mit Matrizen

Addition und skalare Vervielfachung von Matrizen

Für die Matrizen $\mathbf{A} = \begin{pmatrix} 2 & 0 & -1 \\ 1 & -2 & 2 \end{pmatrix}$, $\mathbf{B} = \begin{pmatrix} 1 & 2 & -1 \\ 0 & 2 & 3 \end{pmatrix}$ und $\mathbf{C} = \begin{pmatrix} 0 & 2 & 4 \\ -3 & 1 & 0 \\ 1 & 0 & -2 \end{pmatrix}$ gilt:

$\mathbf{A} + \mathbf{B} = \begin{pmatrix} \quad & \quad & \quad \\ \quad & \quad & \quad \end{pmatrix} = \begin{pmatrix} \quad & \quad & \quad \\ \quad & \quad & \quad \end{pmatrix}$

$(-2) \cdot \mathbf{C} = \begin{pmatrix} \quad & \quad & \quad \\ \quad & \quad & \quad \\ \quad & \quad & \quad \end{pmatrix} = \begin{pmatrix} \quad & \quad & \quad \\ \quad & \quad & \quad \\ \quad & \quad & \quad \end{pmatrix}$

Multiplikation einer Matrix mit einem Vektor

Die Multiplikation erfolgt in der Form „Zeile mal Spalte". Das Ergebnis ist ein Vektor, dessen Koordinatenanzahl mit der Zeilenzahl der Matrix übereinstimmt. Es gilt:

$\begin{pmatrix} a & b & c & d \\ e & f & g & h \end{pmatrix} \cdot \begin{pmatrix} k_1 \\ k_2 \\ k_3 \\ k_4 \end{pmatrix} = \begin{pmatrix} \quad + \quad + \quad + \quad \\ \quad + \quad + \quad + \quad \end{pmatrix}$

$\begin{pmatrix} 2 & 3 & 1 \\ 2 & 1 & 0 \\ 1 & 1 & 1 \\ 0 & -4 & 1 \end{pmatrix} \cdot \begin{pmatrix} 2 \\ 1 \\ 4 \end{pmatrix} = \begin{pmatrix} \quad + \quad + \quad \\ \quad + \quad + \quad \\ \quad + \quad + \quad \\ \quad + \quad + \quad \end{pmatrix} = \begin{pmatrix} \quad \\ \quad \\ \quad \\ \quad \end{pmatrix}$

***3** Gegeben seien die Matrizen $\mathbf{A} = \begin{pmatrix} 2 & -1 & 0 \\ 0 & 2 & -3 \\ -2 & 0 & 1 \end{pmatrix}$, $\mathbf{B} = \begin{pmatrix} 1 & 2 & 3 \\ 2 & 3 & 1 \\ 3 & 1 & 2 \end{pmatrix}$ und $\mathbf{C} = \begin{pmatrix} 0 & -5 & 1 \\ 4 & 0 & 2 \\ -1 & 3 & 0 \end{pmatrix}$.
Berechnen Sie:

a) $\mathbf{A} + \mathbf{B} = \begin{pmatrix} \quad & \quad & \quad \\ \quad & \quad & \quad \\ \quad & \quad & \quad \end{pmatrix}$,

b) $\mathbf{A} + \mathbf{B} + \mathbf{C} = \begin{pmatrix} \quad & \quad & \quad \\ \quad & \quad & \quad \\ \quad & \quad & \quad \end{pmatrix}$

c) $2\mathbf{A} - 3\mathbf{B} = \begin{pmatrix} \quad & \quad & \quad \\ \quad & \quad & \quad \\ \quad & \quad & \quad \end{pmatrix}$,

d) $2(\mathbf{A} - \mathbf{B} + 3\mathbf{C}) = \begin{pmatrix} \quad & \quad & \quad \\ \quad & \quad & \quad \\ \quad & \quad & \quad \end{pmatrix}$

e) $\mathbf{X}$, wenn $\mathbf{A} - \mathbf{X} = \mathbf{B} - 2\mathbf{X}$: $\mathbf{X} = \qquad = \begin{pmatrix} \quad & \quad & \quad \\ \quad & \quad & \quad \\ \quad & \quad & \quad \end{pmatrix}$

f) $\mathbf{X}$, wenn $3(\mathbf{A} - \mathbf{X}) = 2\mathbf{X} + 2\mathbf{C}$: $\mathbf{X} = \qquad = \begin{pmatrix} \quad & \quad & \quad \\ \quad & \quad & \quad \\ \quad & \quad & \quad \end{pmatrix}$

***4** Ermitteln Sie die Spaltenvektoren, die aus der nachfolgenden Multiplikation einer Matrix mit einem Vektor hervorgehen.

a) $\begin{pmatrix} 2 & 0 & -1 \\ 3 & 1 & 2 \\ 1 & 2 & 1 \end{pmatrix} \cdot \begin{pmatrix} 1 \\ 4 \\ -1 \end{pmatrix}$

b) $\begin{pmatrix} 1 & 2 & 3 \\ -1 & 0 & 1 \end{pmatrix} \cdot \begin{pmatrix} 3 \\ 2 \\ 1 \end{pmatrix}$

c) $\begin{pmatrix} 5 & 3 \\ 2 & 1 \end{pmatrix} \cdot \begin{pmatrix} 2 \\ 1 \end{pmatrix}$

d) $\begin{pmatrix} 3 & 4 \\ 2 & -1 \\ -2 & 5 \end{pmatrix} \cdot \begin{pmatrix} 3 \\ -1 \end{pmatrix}$

e) $\begin{pmatrix} 3 & 8 & -1 \\ 0 & 5 & 3 \\ -1 & -1 & 2 \end{pmatrix} \cdot \begin{pmatrix} 1 \\ 2 \\ -1 \end{pmatrix}$

f) $\begin{pmatrix} 1 & 0 \\ 0 & 1 \end{pmatrix} \cdot \begin{pmatrix} 7 \\ 4 \end{pmatrix}$

***5** Multiplizieren Sie die Matrix $\begin{pmatrix} 0 & -5 \\ -2 & 3 \\ 4 & -1 \\ -6 & 0 \end{pmatrix}$ mit folgenden Vektoren:

$\vec{x}_1 = \begin{pmatrix} 1 \\ 0 \end{pmatrix}$, $\vec{x}_2 = \begin{pmatrix} 0 \\ 1 \end{pmatrix}$, $\vec{x}_3 = \begin{pmatrix} 7 \\ 1 \end{pmatrix}$, $\vec{x}_4 = \begin{pmatrix} 2 \\ -1 \end{pmatrix}$, $\vec{x}_5 = \begin{pmatrix} -1 \\ -1 \end{pmatrix}$, $\vec{x}_6 = \begin{pmatrix} 10 \\ -2 \end{pmatrix}$.

***6** Gegeben sind die Matrizen $\mathbf{A} = \begin{pmatrix} 1 & 0 & 2 \\ -1 & 3 & 0 \\ 1 & 2 & 1 \end{pmatrix}$, $\mathbf{B} = (-3;\ 1;\ 2)$ und $\mathbf{C} = \begin{pmatrix} 2 & 1 \\ -2 & 0 \\ 0 & 5 \end{pmatrix}$ sowie die Vektoren $\vec{a} = \begin{pmatrix} 2 \\ 3 \end{pmatrix}$ und $\vec{b} = \begin{pmatrix} 1 \\ -2 \\ 3 \end{pmatrix}$.
Führen Sie alle möglichen Multiplikationen einer Matrix mit einem Vektor aus.

***7** Zeigen Sie, dass die folgende Multiplikation „Matrix · Vektor" ein lineares Gleichungssystem beschreibt.

$$\begin{pmatrix} 2 & 3 & -1 \\ 1 & 3 & 1 \\ -2 & -2 & 4 \end{pmatrix} \cdot \begin{pmatrix} x \\ y \\ z \end{pmatrix} = \begin{pmatrix} 1 \\ 2 \\ 4 \end{pmatrix} \Rightarrow \begin{pmatrix} \; \\ \; \\ \; \end{pmatrix} = \begin{pmatrix} 1 \\ 2 \\ 4 \end{pmatrix} \Rightarrow$$

***8** Schreiben Sie die folgenden Gleichungssysteme jeweils in Matrizendarstellung:

a)
$$\begin{aligned} 3x + y - 5z &= 1 \\ -2x - 2y + 3z &= -1 \\ 5x + 3y - 7z &= 3 \end{aligned}$$

b)
$$\begin{aligned} 2x - 3y + z &= 1 \\ -5x + 2y - 8z &= 2 \\ -x + 3y + z &= 1 \end{aligned}$$

c)
$$\begin{aligned} 2x + 3y - z &= 3 \\ x + 2z &= 4 \\ x - y &= 2 \end{aligned}$$

$$\begin{pmatrix} \; \end{pmatrix} \cdot \begin{pmatrix} \; \end{pmatrix} = \begin{pmatrix} \; \end{pmatrix}$$

***9** Für das folgende lineare Gleichungssystem kann die Lösungsmenge durch eine Vektorgleichung angegeben werden.

Gleichungssystem:

$$\begin{aligned} -x - y + 2z &= -1 \\ -x + 2y - 3z &= -3 = + t \\ -x + z &= -1 \end{aligned}$$

Lösungsmenge:

$$\begin{pmatrix} x \\ y \\ z \end{pmatrix} = \begin{pmatrix} 1 \\ 2 \\ 0 \end{pmatrix} + t\begin{pmatrix} -1 \\ 1 \\ 1 \end{pmatrix}$$

a) Überprüfen Sie die Lösungsangabe.

b) Schreiben Sie das obige Gleichungssystem in Matrizendarstellung.

$$\begin{pmatrix} \; \end{pmatrix} \cdot \begin{pmatrix} \; \end{pmatrix} = \begin{pmatrix} \; \end{pmatrix}$$

c) (x; y; z) = (0; 3; 1) und (x; y; z) = (2; 1; –1) sind spezielle Lösungen des Gleichungssystems (t = 1 bzw. t = –1). Multiplizieren Sie die Koeffizientenmatrix des Gleichungssystems mit dem Spaltenvektor $\begin{pmatrix} 0 \\ 3 \\ 1 \end{pmatrix}$ bzw. $\begin{pmatrix} 2 \\ 1 \\ -1 \end{pmatrix}$.

$$\begin{pmatrix} \; \end{pmatrix} \cdot \begin{pmatrix} 0 \\ 3 \\ 1 \end{pmatrix} = \begin{pmatrix} \; \end{pmatrix}, \qquad \begin{pmatrix} \; \end{pmatrix} \cdot \begin{pmatrix} 2 \\ 1 \\ -1 \end{pmatrix} = \begin{pmatrix} \; \end{pmatrix}$$

***10** In einer Firma werden vier Legierungen L_1, L_2, L_3 und L_4 in 40, 25, 30 bzw. 50 Mengeneinheiten (ME) benötigt. Eine Tabelle weist die Materialkosten pro ME in Geldeinheiten von drei Anbietern (Ab) aus. Ermitteln Sie den/die Anbieter, der/die für den gesamten Bedarf an Legierungen das kostengünstigste Angebot machte/ten.

	L_1	L_2	L_3	L_4
Ab 1	6	7	5	4
Ab 2	7	5	6	4
Ab 3	5	6	7	5

$$\begin{pmatrix} \; \end{pmatrix} \cdot \begin{pmatrix} \; \end{pmatrix} = \begin{pmatrix} \; \end{pmatrix}$$ ⇒ Günstigster Anbieter:

***11** Für die Sanierung eines Hauses benötigt eine Baufirma Fenster in 3 verschiedenen Größen und Türen in 2 verschiedenen Größen. Die Anzahl der Fenster F_1, F_2, F_3 ist 30, 22 bzw. 12 und die Anzahl der Türen T_1, T_2 ist 15 bzw. 8. Die Baufirma lässt von 3 Herstellern (Hst) Kostenvoranschläge anfertigen.
Die Tabelle gibt die Kosten pro Stück in Euro an.
Welcher Hersteller unterbreitet das günstigste Angebot?

	F_1	F_2	F_3	T_1	T_2
Hst 1	120	150	180	320	500
Hst 2	100	150	200	430	630
Hst 3	90	120	170	820	940

Günstigster Hersteller: mit Euro

C Vektoren, Geraden, Ebenen

1 Vektoren in der Ebene und im Raum

1.1 Pfeile und Vektoren

Die Kanten des abgebildeten Körpers können als Vektoren $\overrightarrow{AD}$, $\overrightarrow{DA}$, $\overrightarrow{AB}$, $\overrightarrow{BA}$ usw. aufgefasst werden. Dabei sind:

Repräsentanten des Vektors $\overrightarrow{AD}$: ___

zu $\overrightarrow{AD}$ gleichgerichtete Vektoren: ___ ; ___

zu $\overrightarrow{AD}$ entgegengesetzt gerichtete Vektoren: ___ ; ___ ; ___

zu $\overrightarrow{AD}$ entgegengesetzte Vektoren: $\overrightarrow{AD} = -$ ___ ; $\overrightarrow{AD} = -$ ___

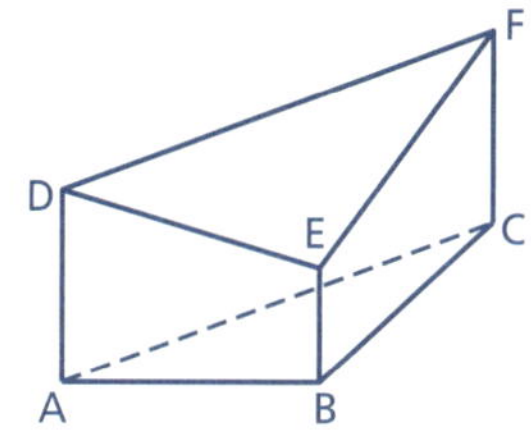

1 Im Parallelogramm ABCD bezeichnen E, F, G und H die Seitenmitten und S den Diagonalenschnittpunkt. Stellen Sie alle in der Figur möglichen Pfeile zusammen, die den bezeichneten Vektor repräsentieren.

a) $\vec{a} = \overrightarrow{AE} =$ ___ = ___ = ___ = ___ = ___

b) $\vec{b} = \overrightarrow{AS} =$ ___ = ___ = ___

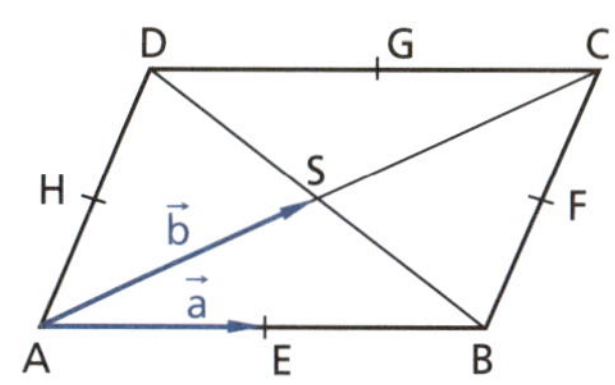

2 Geben Sie an, welche der auf dem Quader eingezeichneten Pfeile jeweils den Vektor $\vec{a}$ repräsentieren.

a) $\vec{a} = \overrightarrow{EH} =$ ___ b) $\vec{a} = \overrightarrow{DH} =$ ___ c) $\vec{a} = \overrightarrow{CD} =$ ___

d) $\vec{a} = \overrightarrow{AH} =$ ___ e) $\vec{a} = \overrightarrow{HG} =$ ___ f) $\vec{a} = \overrightarrow{AF} =$ ___

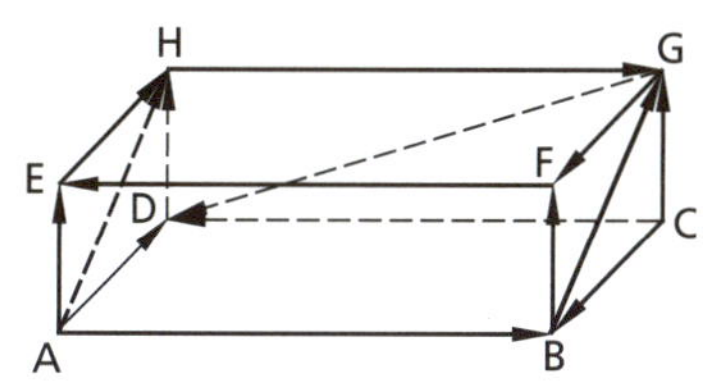

Begründen Sie außerdem, warum die Pfeile $\overrightarrow{AB}$ und $\overrightarrow{FE}$ nicht den gleichen Vektor repräsentieren.

3 Gegeben sei ein Würfel ABCDEFGH. Geben Sie mithilfe der Eckpunkte des Würfels alle weiteren gerichteten Strecken an, die die nachfolgenden Vektoren repräsentieren:

$\vec{a} = \overrightarrow{AB} =$ ___ $\vec{b} = \overrightarrow{AC} =$ ___ $\vec{c} = \overrightarrow{AE} =$ ___

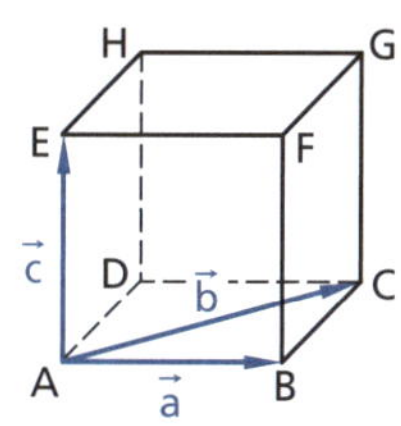

4 Durch die Verschiebung $\vec{v}$ der Ebene wird der Punkt P in den Punkt P' überführt. Konstruieren Sie zu den Punkten A, B und C die Bildpunkte A', B' und C' bei dieser Verschiebung. Beschreiben Sie eine Bildpunktkonstruktion.

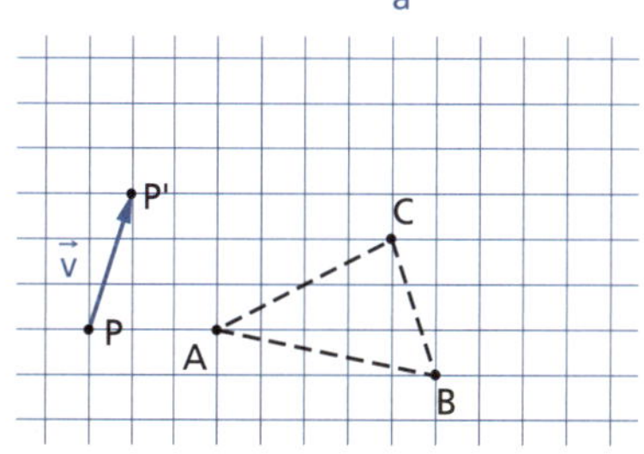

5 Zeichnen Sie den Pfeil $\overrightarrow{P_1P_2}$ sowie den zum gleichen Vektor gehörenden Pfeil $\overrightarrow{P_3P_4}$ in ein Koordinatensystem. Bestimmen Sie die Koordinaten des jeweils nicht angegebenen Punktes.

a) $P_1(3;\ 1)$, $P_2(7;\ 4)$, $P_3(1;\ 4)$

b) $P_1(1;\ 5)$, $P_2(4;\ 2)$, $P_4(7;\ -1)$

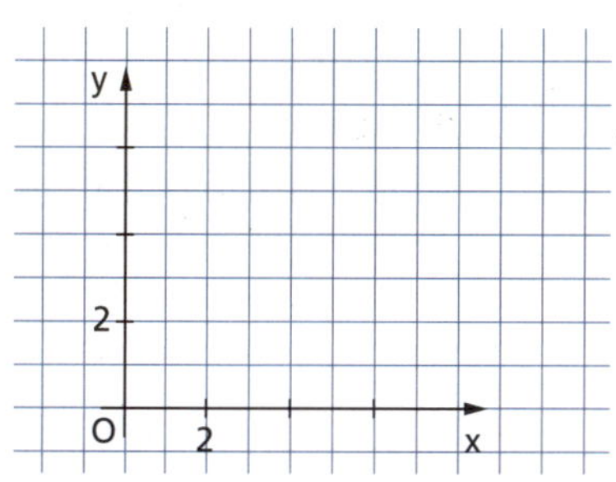

1.2 Rechengesetze für Vektoren

Addition und Subtraktion von Vektoren

6 Gegeben sei das dargestellte Dreieck ABC.

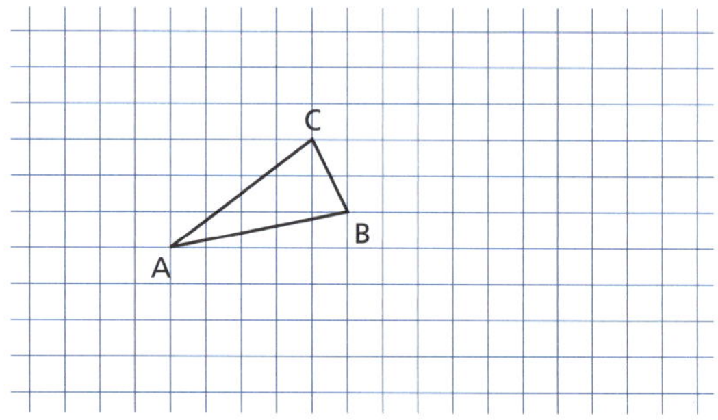

a) Bezeichnen Sie die Vektoren $\vec{a} = \overrightarrow{AB}$, $\vec{b} = \overrightarrow{AC}$, $\vec{c} = \overrightarrow{BC}$ sowie $\vec{d} = \overrightarrow{CB}$ und veranschaulichen Sie durch Pfeile folgende Summenvektoren:
$\vec{a} + \vec{b}$, $\vec{a} + \vec{c}$, $\vec{b} + \vec{d}$, $\vec{b} + \vec{c}$ und $\vec{a} + \vec{d}$

b) Geben Sie $\vec{c}$ und $\vec{d}$ jeweils mithilfe von $\vec{a}$ und $\vec{b}$ an.

$\vec{c} =$ $\vec{d} =$

7 Gegeben seien die Vektoren $\vec{u}$, $\vec{v}$ und $\vec{w}$. Übertragen Sie die Abbildung mehrfach auf ein Blatt Papier und zeichnen Sie jeweils drei der folgenden Vektoren in ein Koordinatensystem:

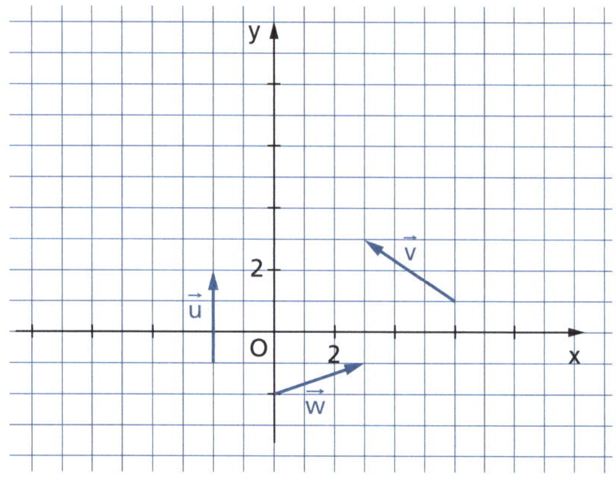

a) $\vec{u} + \vec{v}$ b) $\vec{u} + \vec{w}$ c) $\vec{v} + \vec{w}$

d) $(\vec{u} + \vec{v}) + \vec{w}$ e) $\vec{u} + \vec{u}$ f) $\vec{w} + \vec{w} + \vec{w}$

g) $\vec{u} - \vec{v}$ h) $\vec{u} - \vec{w}$ i) $\vec{v} - \vec{w}$

j) $\vec{v} - \vec{u}$ k) $\vec{u} - \vec{w} + \vec{v}$ l) $\vec{v} + \vec{v} + \vec{w}$

8 Gegeben sei ein Dreieck ABC mit $\overrightarrow{AB} = \vec{u}$, $\overrightarrow{BC} = \vec{v}$ und $\overrightarrow{CA} = \vec{w}$. Dann ist $\vec{u} + \vec{v} + \vec{w} = \vec{o}$.
Zeichnen Sie in die Abbildungen Pfeile ein, die folgende Vektoren beschreiben:

a) $\vec{u} + (-\vec{w})$ b) $\vec{u} + \vec{v}$ c) $\vec{u} - \vec{v}$ d) $\vec{u} + \vec{w}$

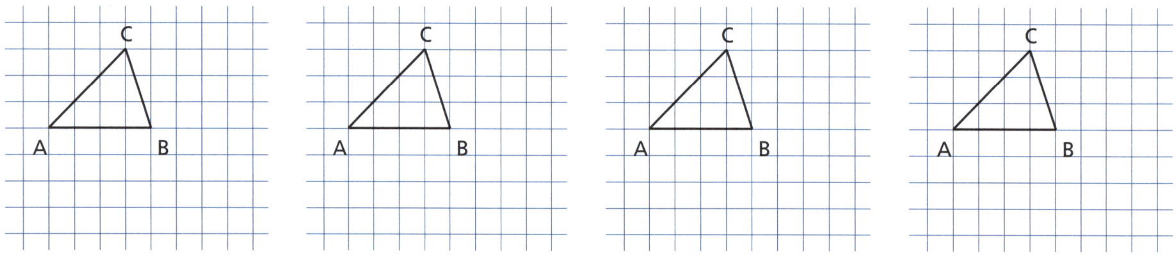

9 In einem Parallelogramm ABCD sei $\vec{a} = \overrightarrow{AB}$ und $\vec{b} = \overrightarrow{AD}$.
Geben Sie die folgenden Vektoren mithilfe von $\vec{a}$ und $\vec{b}$ an:

a) $\overrightarrow{AC} =$ b) $\overrightarrow{BD} =$ c) $\overrightarrow{CB} =$

d) $\overrightarrow{CD} =$ e) $\overrightarrow{CA} =$ f) $\overrightarrow{DB} =$

10 Gegeben sei eine Pyramide OAPBC mit einem Parallelogramm OAPB als Grundfläche. Das Parallelogramm werde durch die Vektoren $\vec{a} = \overrightarrow{OA}$ und $\vec{b} = \overrightarrow{OB}$ aufgespannt. Die Spitze der Pyramide beschreibt $\vec{c} = \overrightarrow{OC}$. Beschreiben Sie die restlichen im Bild veranschaulichten Vektoren, die dort noch nicht bezeichnet sind, durch $\vec{a}$, $\vec{b}$ und $\vec{c}$:

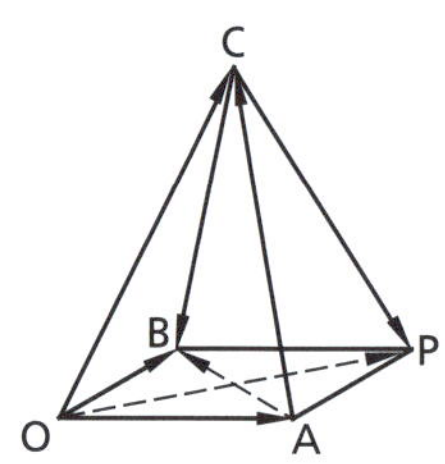

$\overrightarrow{OP} =$ $\overrightarrow{AB} =$ $\overrightarrow{AC} =$ $\overrightarrow{CB} =$ $\overrightarrow{CP} =$

Vervielfachung von Vektoren

11 In der Ebene seien die Vektoren $\vec{a} = \overrightarrow{OA}$, $\vec{b} = \overrightarrow{OB}$ und $\vec{c} = \overrightarrow{OC}$ gegeben. Konstruieren Sie in der Abbildung die Pfeile für folgende Vektoren:

$\overrightarrow{OP} = \vec{p} = 2\vec{a}$

$\overrightarrow{OQ} = \vec{q} = \frac{1}{2}\vec{b}$

$\overrightarrow{OR} = \vec{r} = -1{,}5\vec{c}$

$\overrightarrow{OS} = \vec{s} = \frac{1}{2}\vec{a} + \frac{1}{3}\vec{b} - 2\vec{c}$

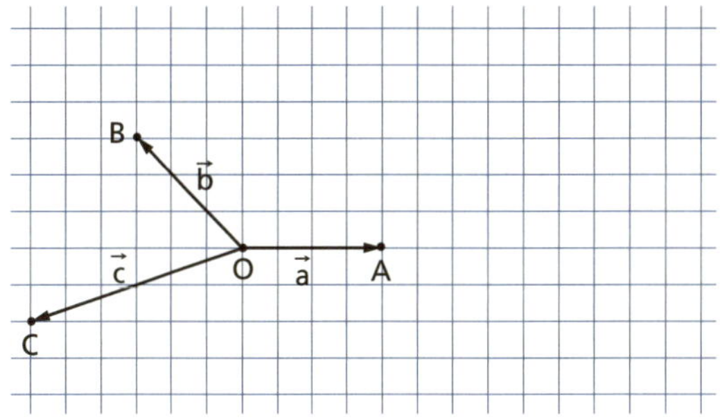

12 Gegeben seien die dargestellten Dreiecke ABC mit $\vec{a} = \overrightarrow{AB}$ und $\vec{b} = \overrightarrow{AC}$.
Veranschaulichen Sie durch Pfeile die folgenden Vektoren:

a) $2\vec{b}$; $\frac{1}{2}\vec{a}$; $\frac{1}{2}\vec{a} + 2\vec{b}$; $2\vec{b} - \frac{1}{2}\vec{a}$; $\frac{1}{2}\vec{a} - \frac{1}{2}\vec{b}$

b) $\frac{3}{2}\vec{b}$; $\frac{2}{5}\vec{a}$; $\frac{3}{2}\vec{b} - \frac{2}{5}\vec{a}$

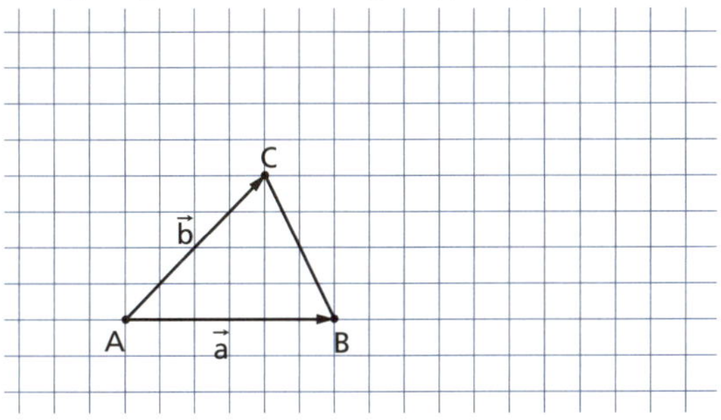

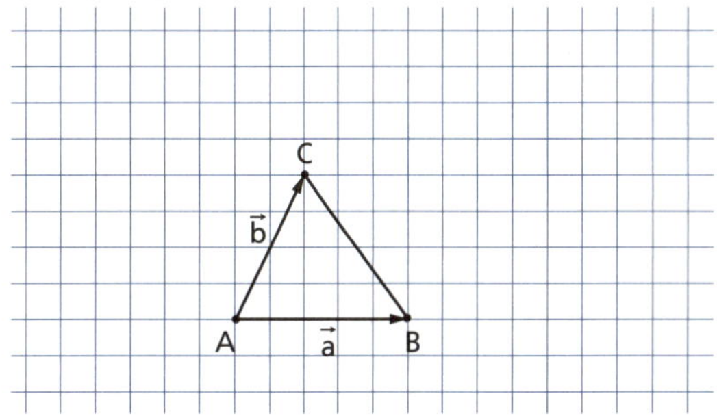

13 Vereinfachen Sie die folgenden Terme durch Anwendung der Rechengesetze für Vektoren:

a) $4(\vec{a} - 2\vec{b}) + 2(3\vec{b} - 2\vec{a}) + 4\vec{b} =$

b) $\frac{2}{3}\vec{a} + 4\left(\frac{3}{2}\vec{a} - \frac{5}{4}\vec{b}\right) - 3\vec{a} =$

c) $4\vec{b} \cdot \left(\frac{3}{2} - 1{,}25\right) - \frac{1}{4} \cdot \left(\frac{6}{4}\vec{b}\right) =$

d) $\frac{1}{4}\vec{a} + \frac{\vec{a} + \vec{b}}{2} - \frac{\vec{a}}{3} =$

14 Erfassen Sie die im kartesischen Koordinatensystem dargestellten Vektoren als Verschiebung eines Anfangspunktes und geben Sie die folgenden Vektoren mithilfe von xy-Koordinaten in Spaltenschreibweise an:

$\overrightarrow{OA} = \begin{pmatrix} \ \\ \ \end{pmatrix}$ $\overrightarrow{OF} = \begin{pmatrix} \ \\ \ \end{pmatrix}$

$\overrightarrow{OB} = \begin{pmatrix} \ \\ \ \end{pmatrix}$ $\overrightarrow{OG} = \begin{pmatrix} \ \\ \ \end{pmatrix}$

$\overrightarrow{OC} = \begin{pmatrix} \ \\ \ \end{pmatrix}$ $\overrightarrow{BC} = \begin{pmatrix} \ \\ \ \end{pmatrix}$

$\overrightarrow{OD} = \begin{pmatrix} \ \\ \ \end{pmatrix}$ $\overrightarrow{AB} = \begin{pmatrix} \ \\ \ \end{pmatrix}$

$\overrightarrow{OE} = \begin{pmatrix} \ \\ \ \end{pmatrix}$ $\overrightarrow{DE} = \begin{pmatrix} \ \\ \ \end{pmatrix}$

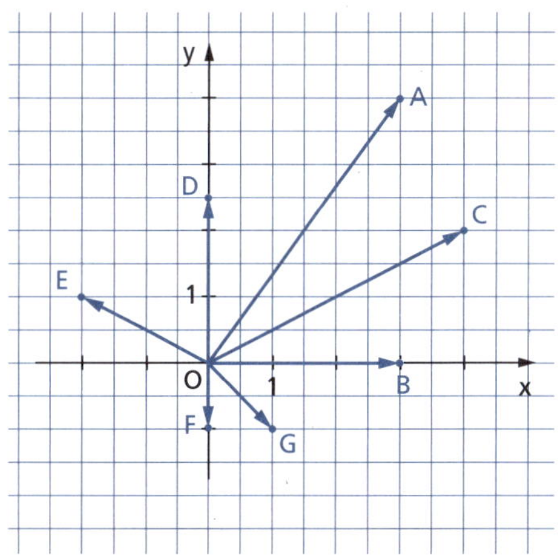

15 Gegeben seien die Punkte A(4; –3), B(3; 2), C(2; 3),D(4; 6), E(–3; 1), F(–2; –3), G(1; 3), H(–1; 3).

a) Geben Sie folgende Vektoren in Spaltenschreibweise an:

$\vec{a} = \overrightarrow{AD} = \begin{pmatrix} \ \\ \ \end{pmatrix}$; $\vec{b} = \overrightarrow{BC} = \begin{pmatrix} \ \\ \ \end{pmatrix}$; $\vec{c} = \overrightarrow{GE} = \begin{pmatrix} \ \\ \ \end{pmatrix}$; $\vec{d} = \overrightarrow{FH} = \begin{pmatrix} \ \\ \ \end{pmatrix}$

b) Vereinfachen Sie die folgenden Terme durch Anwenden von Rechengesetzen von Vektoren.

$\vec{a} + 2\vec{c} = \begin{pmatrix} \ \\ \ \end{pmatrix}$; $\vec{b} - \vec{c} = \begin{pmatrix} \ \\ \ \end{pmatrix}$; $5\vec{d} + \frac{1}{2}\vec{c} - 4\vec{b} = \begin{pmatrix} \ \\ \ \end{pmatrix}$

1.3 Linearkombination von Vektoren, linear abhängige und unabhängige Vektoren

Jeder Vektor der Ebene kann aus zwei nicht parallelen Vektoren der Ebene kombiniert werden. Analog lässt sich jeder Vektor des Raumes aus drei nicht in ein und derselben Ebene liegenden (nicht komplanaren) Vektoren kombinieren.

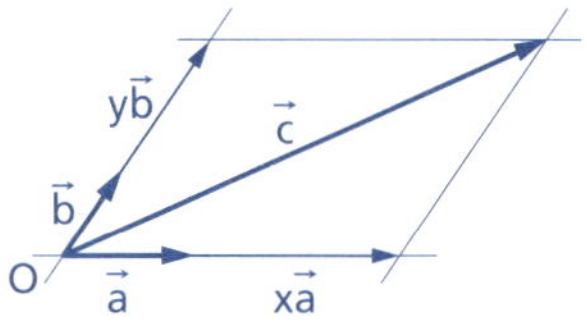

Der Vektor $\vec{c}$ ist eine Linearkombination der Vektoren $\vec{a}$ und $\vec{b}$.

Es gilt: $\vec{c}$ =

Die Vektoren $\vec{a}$ und $\vec{b}$ sind linear unabhängig, die Vektoren $\vec{a}$, $\vec{b}$ und $\vec{c}$ dagegen linear abhängig, weil sich jeder Vektor als Linearkombination der beiden anderen erzeugen lässt.

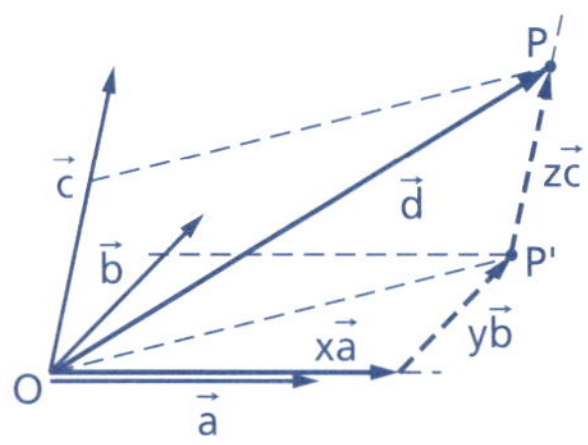

Der Vektor $\vec{d}$ ist eine Linearkombination der Vektoren $\vec{a}$, $\vec{b}$ und $\vec{c}$.

Es gilt: $\vec{d}$ =

16 Die Punkte A_1 und A_2 mit $A_1(4;\,1)$ und $A_2\left(\frac{1}{2};\,3\right)$ seien bezüglich eines kartesischen Koordinatensystems gegeben.
Durch $\overrightarrow{OA_1}$ und $\overrightarrow{OA_2}$ sind dann zwei Vektoren $\vec{a}_1$ bzw. $\vec{a}_2$ bestimmt.

a) Prüfen Sie, ob sich einer der Vektoren $\vec{a}_1$ bzw. $\vec{a}_2$ als Linearkombination des anderen darstellen lässt. Stellen Sie den Nullvektor $\vec{o}$ als Linearkombination von $\vec{a}_1$ und $\vec{a}_2$ dar.

b) Tragen Sie die Punkte P_1 bis P_6 mit $P_1(8;\,2)$, $P_2(1;\,6)$, $P_3(6{,}5;\,4{,}5)$, $P_4(3;\,6{,}5)$, $P_5\left(-\frac{1}{2};\,-3\right)$ sowie $P_6(-3{,}5;\,2)$ in das Koordinatensystem ein und stellen Sie die Vektoren $\vec{p}_i = \overrightarrow{OP_i}$ für $i = 1, \ldots, 6$ als Linearkombinationen der Vektoren $\vec{a}_1$ und $\vec{a}_2$ dar.

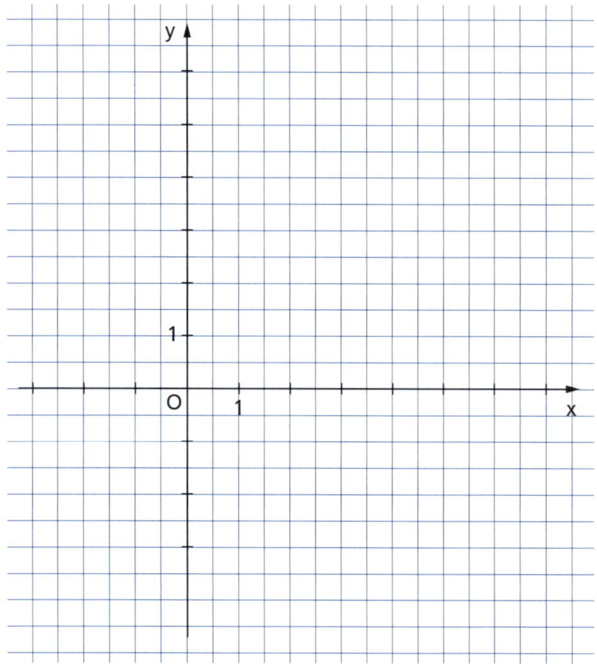

$\vec{p}_1 = \overrightarrow{OP_1} = \quad \vec{a}_1 + \quad \vec{a}_2$ $\qquad \vec{p}_2 = \overrightarrow{OP_2} = \quad \vec{a}_1 + \quad \vec{a}_2$ $\qquad \vec{p}_3 = \overrightarrow{OP_3} = \quad \vec{a}_1 + \quad \vec{a}_2$

$\vec{p}_4 = \overrightarrow{OP_4} = \quad \vec{a}_1 + \quad \vec{a}_2$ $\qquad \vec{p}_5 = \overrightarrow{OP_5} = \quad \vec{a}_1 + \quad \vec{a}_2$ $\qquad \vec{p}_6 = \overrightarrow{OP_6} = \quad \vec{a}_1 + \quad \vec{a}_2$

17 Gegeben sei ein Parallelogramm ABCD. Es seien $\vec{a}_1 = \overrightarrow{AB}$ und $\vec{a}_2 = \overrightarrow{AD}$ sowie $\vec{a}_3 = \overrightarrow{AM}$ (M – Mittelpunkt von $\overline{AB}$).

a) Zeichnen Sie die Vektoren $\vec{a}_1$, $\vec{a}_2$ und $\vec{a}_3$ in das Parallelogramm.

b) Tragen Sie die folgenden Pfeile, die als Linearkombinationen von $\vec{a}_1$ und $\vec{a}_2$ gegeben sind, in die Abbildung ein:

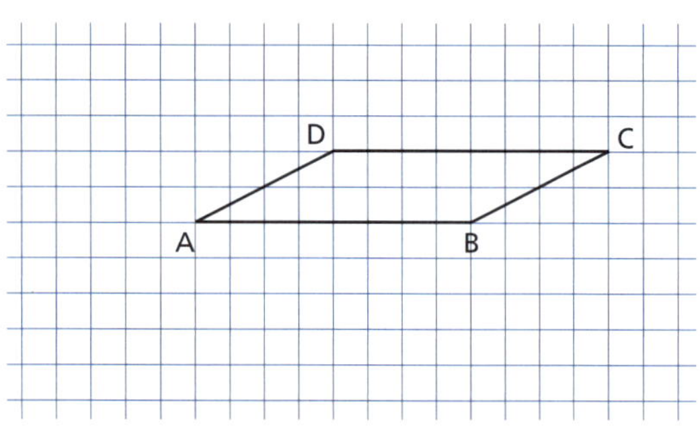

$\overrightarrow{AE} = \frac{1}{2}\vec{a}_1 + 2\vec{a}_2$ $\qquad \overrightarrow{AF} = \frac{3}{4}\vec{a}_1 + \frac{3}{2}\vec{a}_2$ $\qquad \overrightarrow{AG} = \frac{7}{4}\vec{a}_1$ $\qquad \overrightarrow{AH} = -\frac{1}{2}\vec{a}_1 + 2\vec{a}_2$ $\qquad \overrightarrow{AI} = \vec{a}_1 - \frac{3}{2}\vec{a}_2$

18 Gegeben seien die Punkte A(1; 3), B(4; 1) und C(6; 5) bezüglich eines kartesischen Koordinatensystems $(O; \vec{e}_1, \vec{e}_2)$.

a) Stellen Sie die Vektoren $\overrightarrow{OA}$, $\overrightarrow{OB}$ und $\overrightarrow{OC}$ als Linearkombinationen von $\vec{e}_1$ und $\vec{e}_2$ dar.

b) Stellen Sie die Vektoren $\overrightarrow{AB}$, $\overrightarrow{BC}$ und $\overrightarrow{AC}$ als Linearkombinationen von $\vec{e}_1$ und $\vec{e}_2$ dar.
Geben Sie die Koordinaten der Punkte P_1, P_2 und P_3 mit $\overrightarrow{OP_1} = \overrightarrow{AB}$, $\overrightarrow{OP_2} = \overrightarrow{BC}$ und $\overrightarrow{OP_3} = \overrightarrow{AC}$ an.

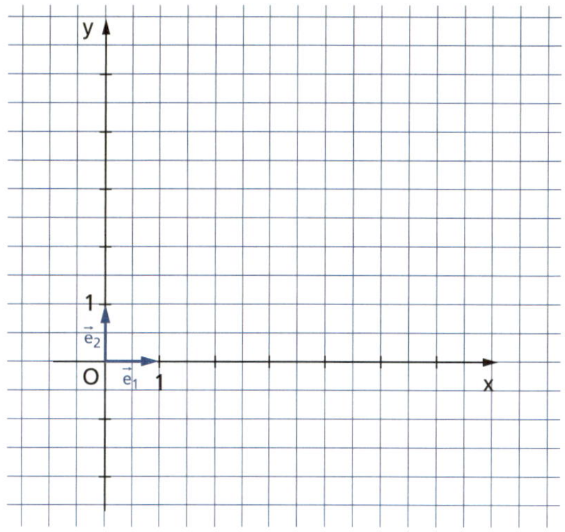

19 Gegeben seien die Punkte P(2; 4; 0) und Q(4; 1; 5) bezüglich eines kartesischen Koordinatensystems $(O; \vec{e}_1, \vec{e}_2, \vec{e}_3)$.

a) Veranschaulichen Sie die Ortsvektoren $\overrightarrow{OP}$ und $\overrightarrow{OQ}$ im Koordinatensystem und schreiben Sie diese als Linearkombination von $\vec{e}_1$, $\vec{e}_2$ und $\vec{e}_3$ auf.

b) Geben Sie den Vektor $\vec{a} = \overrightarrow{PQ}$ als Linearkombinationen von $\vec{e}_1$, $\vec{e}_2$ und $\vec{e}_3$ an.

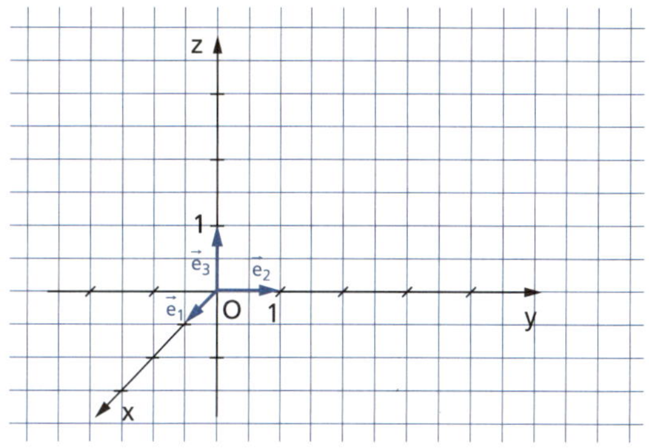

20 Gegeben seien die Punkte A, B und C bezüglich eines kartesischen Koordinatensystems $(O; \vec{e}_1, \vec{e}_2)$ bzw. $(O; \vec{e}_1, \vec{e}_2, \vec{e}_3)$.
Bestimmen Sie mithilfe der Ortsvektoren $\vec{a}$, $\vec{b}$ und $\vec{c}$ von A, B bzw. C die Vektoren $\overrightarrow{AB}$, $\overrightarrow{BC}$ und $\overrightarrow{AC}$.

a) A(5; 1), B(7; 3), C(–1; –5)
b) A(0; 3), B(3; 0), C(0; 0)
c) A(4; 1; 2), B(0; –1; 3), C(–2; –5; –7)
d) A(1; 1; 1), B(2; 2; 2), C(3; 3; 3)

21 Vereinfachen Sie folgende Linearkombinationen durch Anwendung von Rechengesetzen:

a) $2(\vec{a} + 3\vec{b}) - (\vec{a} + \vec{b})$
b) $-3(-\vec{a} - \vec{b}) + 5(2\vec{a} - 3\vec{b})$
c) $\begin{pmatrix}1\\3\end{pmatrix} + \begin{pmatrix}1\\-1\end{pmatrix}$
d) $3\begin{pmatrix}2\\-1\end{pmatrix} + 2\begin{pmatrix}1\\3\end{pmatrix} - 4\begin{pmatrix}-1\\1\end{pmatrix}$
e) $2\begin{pmatrix}1\\2\\3\end{pmatrix} + 3\begin{pmatrix}1\\1\\-1\end{pmatrix}$
f) $\begin{pmatrix}15\\20\\10\end{pmatrix} - 3\begin{pmatrix}2\\1\\2\end{pmatrix}$

22 Bestimmen Sie in den folgenden Gleichungen jeweils den Vektor $\vec{x}$:

a) $\vec{x} = \begin{pmatrix}9\\6\end{pmatrix} + \begin{pmatrix}3\\5\end{pmatrix}$
b) $\vec{x} = 3\begin{pmatrix}2\\-3\end{pmatrix} + 2\begin{pmatrix}-2\\1\end{pmatrix}$
c) $\begin{pmatrix}-12\\3\end{pmatrix} + \vec{x} = \begin{pmatrix}-8\\4\end{pmatrix}$
d) $4\begin{pmatrix}2\\3\end{pmatrix} + 3\begin{pmatrix}1\\-1\end{pmatrix} = 2\vec{x} - \begin{pmatrix}-1\\1\end{pmatrix}$
e) $\vec{x} + \begin{pmatrix}3\\-1\\1\end{pmatrix} = \begin{pmatrix}13\\11\\7\end{pmatrix}$
f) $2\begin{pmatrix}2\\-2\\3\end{pmatrix} + 3\vec{x} = 5\begin{pmatrix}2\\1\\3\end{pmatrix}$

23 Prüfen Sie jeweils, ob die folgenden Vektoren a1 und a2 linear abhängig sind:

a) $\vec{a}_1 = \begin{pmatrix}4\\2\end{pmatrix}$, $\vec{a}_2 = \begin{pmatrix}8\\4\end{pmatrix}$ Es ist: $\vec{a}_1$ ___ $k \cdot \vec{a}_2 \Rightarrow \vec{a}_1$ und $\vec{a}_2$ sind ___.

b) $\vec{a}_1 = \begin{pmatrix}3\\5\end{pmatrix}$, $\vec{a}_2 = \begin{pmatrix}1\\1\end{pmatrix}$ $\vec{a}_1 \neq k \cdot \vec{a}_2 \Rightarrow \vec{a}_1$ und $\vec{a}_2$ sind ___.

c) $\vec{a}_1 = \begin{pmatrix}2\\-3\end{pmatrix}$, $\vec{a}_2 = \begin{pmatrix}0\\0\end{pmatrix}$ $\vec{a}_1$ ___ $k \cdot \vec{a}_2 \Rightarrow \vec{a}_1$ und $\vec{a}_2$ sind ___.

d) $\vec{a}_1 = \begin{pmatrix}1\\-2\\3\end{pmatrix}$, $\vec{a}_2 = \begin{pmatrix}-4\\8\\-12\end{pmatrix}$ $\vec{a}_1$ ___ $k \cdot \vec{a}_2 \Rightarrow \vec{a}_1$ und $\vec{a}_2$ sind ___.

e) $\vec{a}_1 = \begin{pmatrix}6\\16\\4\end{pmatrix}$, $\vec{a}_2 = \begin{pmatrix}14\\40\\10\end{pmatrix}$ $\vec{a}_1$ ___ $k \cdot \vec{a}_2 \Rightarrow \vec{a}_1$ und $\vec{a}_2$ sind ___.

f) $\vec{a}_1 = \begin{pmatrix}3\\0\\4\end{pmatrix}$, $\vec{a}_2 = \begin{pmatrix}4\\1\\2\end{pmatrix}$ $\vec{a}_1$ ___ $k \cdot \vec{a}_2 \Rightarrow \vec{a}_1$ und $\vec{a}_2$ sind ___.

24 Stellen Sie den Vektor $\vec{x}$ wenn möglich als Linearkombination der Vektoren $\vec{a}_1$ und $\vec{a}_2$ dar.

a) $\vec{x} = \binom{2}{5}$, $\vec{a}_1 = \binom{1}{0}$, $\vec{a}_2 = \binom{0}{1}$ b) $\vec{x} = \binom{2}{-3}$, $\vec{a}_1 = \binom{1}{-1}$, $\vec{a}_2 = \binom{2}{1}$ c) $\vec{x} = \binom{-3}{4}$, $\vec{a}_1 = \binom{2}{6}$, $\vec{a}_2 = \binom{5}{15}$

25 Prüfen Sie jeweils, ob das Viereck ABCD ein Trapez ist. (Hinweis: Ein Trapez hat zwei parallele Seiten.)

a) A(1; 1), B(7; 5), C(4; 6), D(1; 4) b) A(0; 3), B(2; 1), C(8; 3), D(0; 8)
c) A(3; 1), B(8; 3), C(9; 6), D(6; 10) d) A(–3; –1), B(2; 1), C(–1; 3), D(–2; 3)

26 Prüfen Sie jeweils, ob die Vektoren $\vec{a}_1$, $\vec{a}_2$ und $\vec{a}_3$ linear abhängig sind.
Hinweis: Es muss drei reelle Zahlen r, s, t geben, die nicht alle gleich null sind, sodass $r\vec{a}_1 + s\vec{a}_2 + t\vec{a}_3 = 0$ gilt.

a) $\vec{a}_1 = \begin{pmatrix}1\\7\\2\end{pmatrix}$, $\vec{a}_2 = \begin{pmatrix}1\\2\\1\end{pmatrix}$, $\vec{a}_3 = \begin{pmatrix}2\\-1\\1\end{pmatrix}$ $\Rightarrow$ $r\begin{pmatrix} \\ \\ \end{pmatrix} + s\begin{pmatrix} \\ \\ \end{pmatrix} + t\begin{pmatrix} \\ \\ \end{pmatrix} = 0$

(I) r + s + 2t = 0 Lösung: r = ____, s = ____, t = ____

(II) ________ = 0 Damit sind $\vec{a}_1$, $\vec{a}_2$, $\vec{a}_3$ ________.

(III) ________ = 0

b) $\vec{a}_1 = \begin{pmatrix}1\\-2\\3\end{pmatrix}$, $\vec{a}_2 = \begin{pmatrix}1\\2\\1\end{pmatrix}$, $\vec{a}_3 = \begin{pmatrix}1\\0\\1\end{pmatrix}$

r = ____, s = ____, t = ____

Damit sind $\vec{a}_1$, $\vec{a}_2$, $\vec{a}_3$ ________.

c) $\vec{a}_1 = \begin{pmatrix}1\\0\\1\end{pmatrix}$, $\vec{a}_2 = \begin{pmatrix}0\\1\\0\end{pmatrix}$, $\vec{a}_3 = \begin{pmatrix}2\\1\\2\end{pmatrix}$

r = ____, s = ____, t = ____

Damit sind $\vec{a}_1$, $\vec{a}_2$, $\vec{a}_3$ ________.

27 Stellen Sie den Vektor $\vec{x}$ wenn möglich als Linearkombination der Vektoren $\vec{a}_1$, $\vec{a}_2$ und $\vec{a}_3$ dar.

a) $\vec{x} = \begin{pmatrix}1\\2\\5\end{pmatrix}$, $\vec{a}_1 = \begin{pmatrix}1\\0\\0\end{pmatrix}$, $\vec{a}_2 = \begin{pmatrix}0\\1\\0\end{pmatrix}$, $\vec{a}_3 = \begin{pmatrix}0\\0\\1\end{pmatrix}$ b) $\vec{x} = \begin{pmatrix}3\\-3\\4\end{pmatrix}$, $\vec{a}_1 = \begin{pmatrix}1\\-2\\1\end{pmatrix}$, $\vec{a}_2 = \begin{pmatrix}1\\0\\1\end{pmatrix}$, $\vec{a}_3 = \begin{pmatrix}0\\1\\-1\end{pmatrix}$

Die Berechnungsvorschrift für den Betrag eines Vektors kann man mithilfe eines rechtwinkligen Dreiecks und des Satzes des Pythagoras begründen. So gilt für die Vektoren

$\vec{a} = \binom{a_x}{a_y}$ und $\vec{b} = \begin{pmatrix}b_x\\b_y\\b_z\end{pmatrix}$: $|\vec{a}| =$ ________ $|\vec{b}| =$ ________

28 Bestimmen Sie die Beträge der folgenden Vektoren:

a) $\vec{a}_1 = \binom{-3}{4}$, $\vec{a}_2 = \binom{8}{-6}$, $\vec{a}_3 = \binom{5}{4}$, $\vec{a}_4 = \vec{a}_2 - \vec{a}_1$ b) $\vec{b}_1 = \begin{pmatrix}0\\2\\0\end{pmatrix}$, $\vec{b}_2 = \begin{pmatrix}3\\2\\6\end{pmatrix}$, $\vec{b}_3 = \begin{pmatrix}1\\1\\1\end{pmatrix}$, $\vec{b}_4 = \vec{b}_2 - \vec{b}_1$

$|\vec{a}_1| =$ ____ $|\vec{a}_2| =$ ____ $|\vec{a}_3| =$ ____ $|\vec{a}_4| =$ ____ $|\vec{b}_1| =$ ____ $|\vec{b}_2| =$ ____ $|\vec{b}_3| =$ ____ $|\vec{b}_4| =$ ____

29 Bestimmen Sie alle reellen Zahlen r so, dass die folgenden Vektoren Einheitsvektoren sind:

a) $\binom{1}{r}$ b) $\binom{r}{r}$ c) $\binom{r}{0}$ d) $\begin{pmatrix}1\\1\\r\end{pmatrix}$ e) $\begin{pmatrix}r\\r\\r\end{pmatrix}$ f) $\begin{pmatrix}r\\r\\0\end{pmatrix}$

30 Gegeben sind die Vektoren

$\vec{a} = \binom{-4}{3}$, $\vec{b} = \binom{0}{0{,}5}$, $\vec{c} = \begin{pmatrix}1\\0\\1\end{pmatrix}$, $\vec{d} = \overrightarrow{AB}$ und $\vec{e} = \overrightarrow{BC}$ mit A(2; 3; 1), B(4; –4; 3) und C(7; 0; 3).

a) Bestimmen Sie den absoluten Betrag der Vektoren.

$|\vec{a}| =$ ____ $|\vec{b}| =$ ____ $|\vec{c}| =$ ____ $|\vec{d}| =$ ____ $|\vec{e}| =$ ____

b) Bestimmen Sie Einheitsvektoren, welche die Richtung der gegebenen Vektoren haben.

$\vec{a}^0 =$ ____ $\vec{b}^0 =$ ____ $\vec{c}^0 =$ ____ $\vec{d}^0 =$ ____ $\vec{e}^0 =$ ____

1.4 Beweise unter Verwendung von Vektoren

***31** Beweisen Sie folgende Aussage: Die Diagonalen eines Parallelogramms halbieren einander. Formulieren Sie Voraussetzung und Behauptung mithilfe von Vektoren. Drücken Sie in der Behauptung vektoriell aus, dass der Mittelpunkt von $\overline{AC}$ gleich dem Mittelpunkt von $\overline{BD}$ ist.

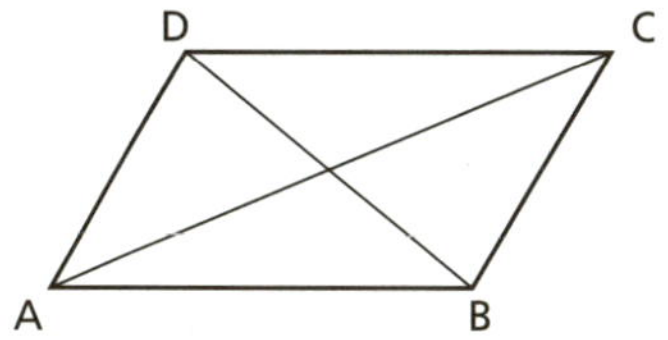

Voraussetzungen: $\overrightarrow{AB} = \vec{a}$; $\overrightarrow{BC} = \vec{b}$; $\overrightarrow{DC} = \vec{c}$; $\overrightarrow{AD} = \vec{d}$

$\vec{a} + \vec{b} - \vec{c} - \vec{d} =$ ____ ; $\vec{a} =$ ____ ; $\vec{b} =$ ____

Behauptung: $\frac{1}{2}\overrightarrow{AC} =$ ____

Beweis: Formen Sie die Behauptung so um, bis die Gleichheit zu erkennen ist.

____ $=$ ____ $= \frac{1}{2}\overrightarrow{AC}$

***32** Beweisen Sie die Aussage: Halbieren in einem Viereck ABCD die Diagonalen einander, so ist ABCD ein Parallelogramm.

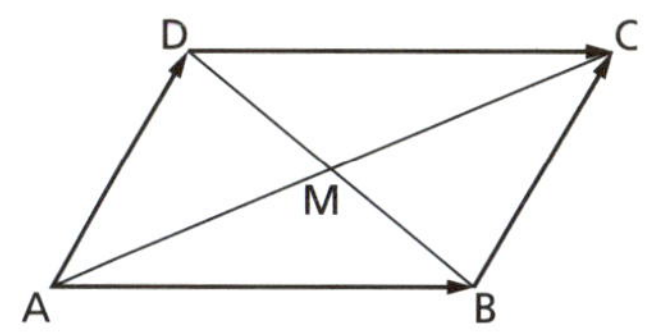

Voraussetzungen: $\vec{a} + \vec{b} - \vec{c} - \vec{d} = \vec{o}$; Diagonalen halbieren einander, d. h., der Mittelpunkt M von $\overline{AC}$ ist auch Mittelpunkt von $\overline{BD}$.

Behauptung: ____

Beweis: $\overrightarrow{AM} =$ ____ ,da M Mittelpunkt von $\overline{AC}$ ist.

$\overrightarrow{AM} =$ ____ ,da M Mittelpunkt von $\overline{BD}$ ist.

Es folgt ____ .

***33** Beweisen Sie: Die Mittelpunkte der Seiten eines beliebigen Vierecks bilden die Eckpunkte eines Parallelogramms.

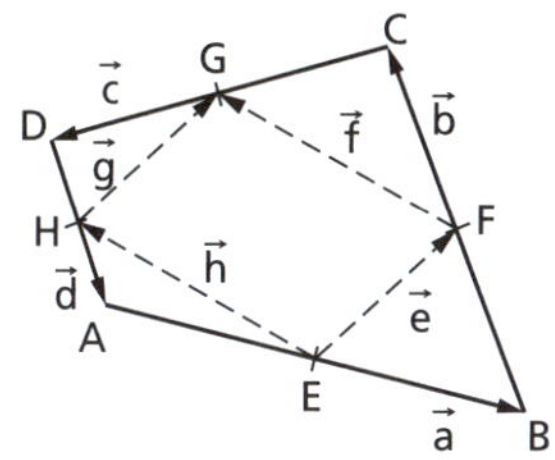

Voraussetzungen: $\vec{a} + \vec{b} + \vec{c} + \vec{d} = \vec{o}$;

$\overrightarrow{AE} = \overrightarrow{EB} =$ ____ ; $\overrightarrow{BF} = \overrightarrow{FC} =$ ____ ;

$\overrightarrow{CG} = \overrightarrow{GD} =$ ____ ; $\overrightarrow{DH} = \overrightarrow{HA} =$ ____

Behauptung: $\vec{e} =$ ____ ; $\vec{f} =$ ____

Beweis: Mit $\vec{e} =$ ____ und $\vec{g} =$ ____

folgt $\vec{e} - \vec{g} =$ ____ und somit ____ .

Analog folgt ____ .

***34** Beweisen Sie: Im Trapez ist die Mittellinie parallel zu den Grundseiten und halb so groß wie deren Summe.

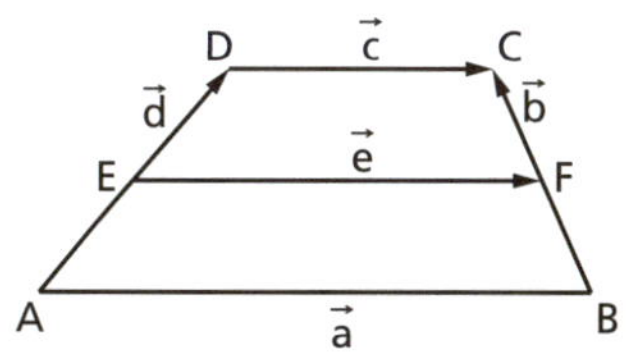

Voraussetzungen: ____ ____ ____ ____

Behauptung: ____

Beweis: Mit $\vec{a} +$ ____ $= \vec{o}$ und $\vec{e} +$ ____ $= \vec{o}$

folgt $\vec{e} =$ ____ bzw. $\vec{e} =$ ____ Addiert man die beiden Gleichungen

und ____ , so ergibt sich ____ .

2 Geraden im Raum

2.1 Gleichungen von Geraden

Ist $\vec{p}_0$ der Ortsvektor eines Punktes P_0 der Geraden g und ist $\vec{a}$ ein Richtungsvektor von g, dann ist

$\vec{x} =$ (t ∈ ℝ) eine **Punktrichtungsgleichung** von g.

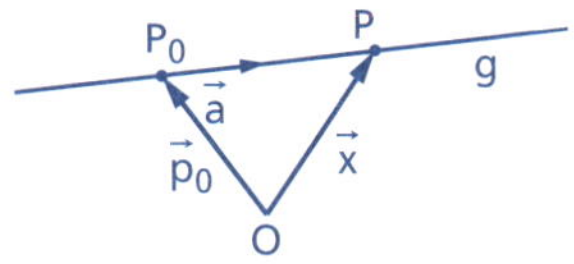

Sind P_1 und P_2 zwei Punkte der Geraden g mit den Ortsvektoren $\vec{p}_1$ und $\vec{p}_2$, so ist

$\vec{x} =$ (t ∈ ℝ) eine **Zweipunktegleichung** von g.

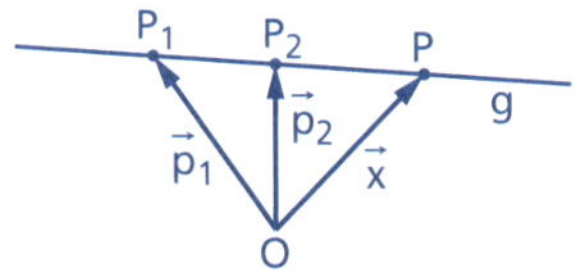

1 In einem kartesischen Koordinatensystem seien der Punkt $P_0(-2;\ 1)$ und der Vektor $\vec{a} = \begin{pmatrix} 1 \\ 2 \end{pmatrix}$ gegeben.

Bestimmen Sie die Punkte U, V, W mit den Ortsvektoren $\vec{u} = \vec{p}_0 + 2\vec{a}$, $\vec{v} = \vec{p}_0 - 2\vec{a}$, $\vec{w} = \vec{p}_0 + \vec{a}$.

Tragen Sie diese Punkte in dem Koordinatensystem ein und überprüfen Sie auch rechnerisch, ob U, V, W auf einer Geraden durch P_0 liegen.

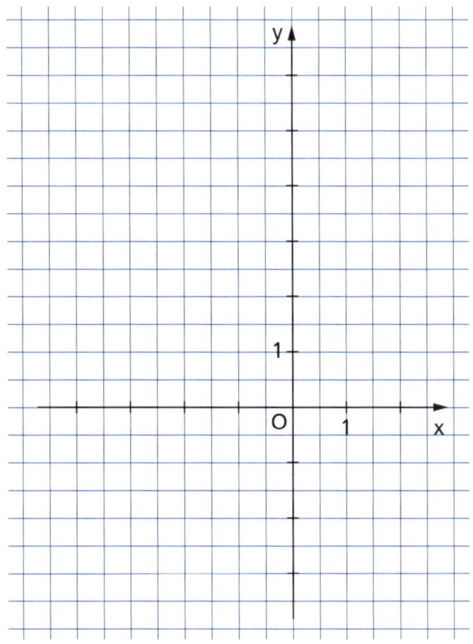

$P_0(-2;\ 1) \Rightarrow$ Ortsvektor von P_0: $\vec{p}_0 = \begin{pmatrix} \ \end{pmatrix}$; $\vec{a} = \begin{pmatrix} 1 \\ 2 \end{pmatrix}$

$\vec{u} = \vec{p}_0 + 2\vec{a} = \begin{pmatrix} \ \end{pmatrix} + 2\begin{pmatrix} \ \end{pmatrix} = \begin{pmatrix} \ \end{pmatrix} + \begin{pmatrix} \ \end{pmatrix} = \begin{pmatrix} \ \end{pmatrix} \Rightarrow U(\quad ; \quad)$

$\vec{v} = \vec{p}_0 - 2\vec{a} = \begin{pmatrix} \ \end{pmatrix} - 2\begin{pmatrix} \ \end{pmatrix} = \begin{pmatrix} \ \end{pmatrix} - \begin{pmatrix} \ \end{pmatrix} = \begin{pmatrix} \ \end{pmatrix} \Rightarrow V(\quad ; \quad)$

$\vec{w} = \vec{p}_0 + \vec{a} = \begin{pmatrix} \ \end{pmatrix} + \begin{pmatrix} \ \end{pmatrix} = \begin{pmatrix} \ \end{pmatrix} \Rightarrow W(\quad ; \quad)$

Gleichung der Geraden, die durch P_0 und $\vec{a}$ bestimmt ist:

$\vec{x} = \begin{pmatrix} \ \end{pmatrix} + t\begin{pmatrix} \ \end{pmatrix}$, t ∈ ℝ

Übergang zur Koordinatenschreibweise: $\begin{pmatrix} x \\ y \end{pmatrix} = \begin{pmatrix} \ \end{pmatrix} + t\begin{pmatrix} \ \end{pmatrix}$

x =

y =

Gleichung der Geraden in parameterfreier Form:

Entscheidung zur Lage von U, V und W:

2 Bestimmen Sie die Koordinaten der Punkte mit den zugehörigen Parameterwerten auf den gegebenen Geraden.

	Gleichung der Geraden	t = 1	t = –1	t = 0	$t = \frac{1}{2}$	t = –3	t = 20
a)	$\vec{x} = \begin{pmatrix} 0 \\ 3 \end{pmatrix} + t\begin{pmatrix} -1 \\ -3 \end{pmatrix}$						
b)	$\vec{x} = \begin{pmatrix} 4 \\ -2 \end{pmatrix} + t\begin{pmatrix} 0 \\ 2 \end{pmatrix}$						
c)	$\vec{x} = \begin{pmatrix} 1 \\ 1 \end{pmatrix} + t\begin{pmatrix} 5 \\ -5 \end{pmatrix}$						
d)	$\vec{x} = \begin{pmatrix} 0 \\ 0 \end{pmatrix} + t\begin{pmatrix} -3 \\ 0 \end{pmatrix}$						
e)	$\vec{x} = \begin{pmatrix} 2 \\ 0 \end{pmatrix} + t\begin{pmatrix} \frac{1}{2} \\ 3 \end{pmatrix}$						

3 Beschreiben Sie die Menge der Punkte einer Geraden g, die durch die folgenden Einschränkungen für den Parameter t bestimmt sind: g: $\vec{x} = \begin{pmatrix}-2\\3\end{pmatrix} + t\begin{pmatrix}1\\-2\end{pmatrix}$

	t	Beschreibung (z. B. Punkt, Strahl, Strecke, Anfangspunkt, Endpunkt)
a)	$t = -1$	
b)	$t \leq 0$	
c)	$t \geq 0$	
d)	$-2 \leq t \leq 2$	
e)	$-2 < t < 2$	
f)	$-2 < t \leq 2$	

4 Bestimmen Sie eine Gleichung einer Geraden in vektorieller Form, die gegeben ist durch

a) den Punkt A(–4; 3); $\vec{x} =$;

b) die Strecke $\overline{PQ}$ mit P(–2; 3) und Q(1; 4); $\vec{x} =$;

c) den Strahl mit dem Anfangspunkt M(–4; 7) durch den Punkt U(12; 15). $\vec{x} =$;

Geben Sie für diese geometrischen Objekte die jeweilige Einschränkung für den Parameter ihrer Gleichung an.

Umwandlung einer Parametergleichung der Form g: $\vec{x} = \vec{p}_0 + t\vec{a}$ in eine parameterfreie Gleichung

Richtungsvektor $\vec{a} = \begin{pmatrix}a_x\\a_y\end{pmatrix}$ und Punkt der Geraden ablesen und in $a_x(y - y_0) = a_y(x - x_0)$ einsetzen.

Für $a_x \neq 0$ gilt $m = \frac{a_y}{a_x}$ und damit $y - y_0 = m(x - x_0)$.

Beispiel:

g: $\vec{x} = \begin{pmatrix}2\\1\end{pmatrix} + t\begin{pmatrix}5\\3\end{pmatrix}$ $\Rightarrow$ $\vec{a} = (\quad)$ $\Rightarrow$ m =

Mit $P_0(\quad;\quad)$ folgt = bzw. y = .

Umwandlung einer parameterfreien Gleichung der Form y = mx + n in eine Parametergleichung

Anstieg m ablesen und Richtungsvektor $\vec{a} = \frac{m_y}{m_x}$ festlegen.

Mit y = mx + n einen beliebigen Punkt von g bestimmen und in die Punktrichtungsgleichung einsetzen.

Beispiel:

g: y = 3x – 1 $\Rightarrow$ m = = —— $\Rightarrow$ $\vec{a} = (\quad)$

z. B. $P_0(0;\quad)$ $\Rightarrow$ $\vec{x} = (\quad) + t(\quad)$

5 Gegeben sind die folgenden Gleichungen von Geraden g der Ebene in vektorieller Form: Bestimmen Sie eine parameterfreie Gleichung jeder dieser Geraden.

a) g: $\vec{x} = \begin{pmatrix}4\\5\end{pmatrix} + t\begin{pmatrix}1\\0\end{pmatrix}$

b) g: $\vec{x} = \begin{pmatrix}-2\\1\end{pmatrix} + t\begin{pmatrix}1\\-3\end{pmatrix}$

c) g: $\vec{x} = \begin{pmatrix}3\\0\end{pmatrix} + t\begin{pmatrix}2\\2\end{pmatrix}$

d) g: $\vec{x} = \begin{pmatrix}2{,}5\\-2{,}5\end{pmatrix} + t\begin{pmatrix}5\\-1\end{pmatrix}$

e) g: $\vec{x} = \begin{pmatrix}4\\1\end{pmatrix} + t\begin{pmatrix}0\\2\end{pmatrix}$

f) g: $\vec{x} = \begin{pmatrix}3\\0\end{pmatrix} + t\begin{pmatrix}2\\-2\end{pmatrix}$

6 Gegeben sind parameterfreie Gleichungen von Geraden der Ebene. Geben Sie für jede dieser Geraden eine Gleichung in vektorieller Form an.

a) $y = x + 4$; $\vec{x} =$ b) $y - 2 = 3(x - 1)$; $\vec{x} =$

c) $2y + x = 0$; $\vec{x} =$ d) $y = \frac{2}{3}x - \frac{1}{3}$; $\vec{x} =$

7 Im Raum seien bezüglich eines Koordinatensystems der Punkt $P_0(-3; 2; 2)$ und der Vektor $\begin{pmatrix} 1{,}5 \\ -1 \\ 2 \end{pmatrix}$ gegeben. Bestimmen Sie die Koordinaten der Punkte U, V, W mit den zugehörigen Ortsvektoren $\vec{u} = \vec{p}_0 + 2\vec{a}$, $\vec{v} = \vec{p}_0 - 2\vec{a}$, $\vec{w} = \vec{p}_0 + \vec{a}$. Tragen Sie diese Punkte in ein Koordinatensystem ein und überprüfen Sie, ob U, V und W auf ein und derselben Geraden liegen.

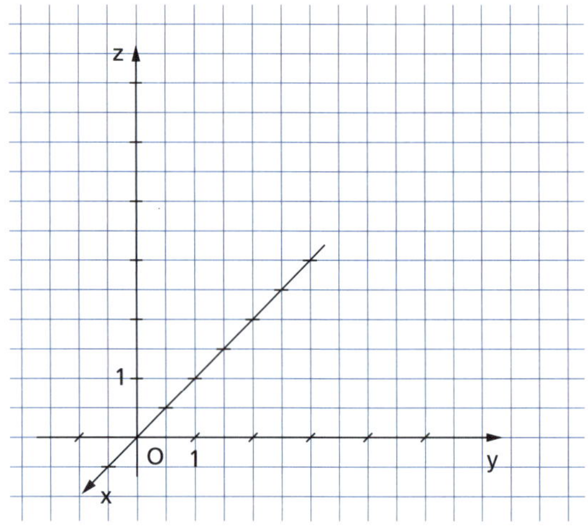

$\vec{u} =$ $=$ $\Rightarrow$ U(; ;)

$\vec{v} =$ $=$ $\Rightarrow$ V(; ;)

$\vec{w} =$ $=$ $\Rightarrow$ W(; ;)

Ergebnis der Probe:

8 Gegeben sei im Raum die Gerade n durch ihre Gleichung n: $\vec{x} = \begin{pmatrix} 2 \\ 4 \\ -2 \end{pmatrix} + t\begin{pmatrix} -1 \\ -2 \\ 1 \end{pmatrix}$.

a) Zeigen Sie für zwei verschiedene Punkte von n, dass diese auch die Gleichung $x + y + 3z = 0$ erfüllen. Finden Sie zwei weitere Punkte, die diese Gleichung erfüllen, aber nicht auf der Geraden n liegen.

b) Lösen Sie den Teil a) auch für die Gleichung $x + z = 0$.

9 a) Welcher der Punkte A(5; –1,5), B(–7; 4), C (–1; 1,5) liegt auf der durch $\vec{x} = \begin{pmatrix} 1 \\ 0{,}5 \end{pmatrix} + t\begin{pmatrix} -2 \\ 1 \end{pmatrix}$ bestimmten Geraden g_1?

b) Welcher der Punkte U(2; –1; 3), V(2; –1; 9), W(0; 2; –3) liegt auf der durch $\vec{x} = \begin{pmatrix} 1 \\ -1 \\ 0 \end{pmatrix} + t\begin{pmatrix} -1 \\ 0 \\ -3 \end{pmatrix}$ bestimmten Geraden g_2?

c) Ermitteln Sie jeweils vier weitere Punkte, die auf g_1 bzw. g_2 liegen.

g_1: P_1(;), P_2(;), P_3(;), P_4(;)

g_2: Q_1(; ;), Q_2(; ;), Q_3(; ;), Q_4(; ;)

10 Welcher der Punkte A(7; –3; 6), B(–3; 2; –6), C(1; 0; –3) liegt sowohl auf der Geraden g durch die Punkte U(1; 0; –3) und V(3; –1; 0), als auch auf der Geraden h mit der Gleichung $\vec{x} = \begin{pmatrix} 7 \\ 2 \\ -5 \end{pmatrix} + t\begin{pmatrix} 3 \\ 1 \\ -1 \end{pmatrix}$?

11 Die Gerade g sei durch die Punkte A und B bestimmt. Ergänzen Sie die fehlenden Koordinaten des Punktes C so, dass C auf der Geraden g liegt.

a) A(5; 1), B(8; 3), C(2; y_C) $y_C =$

b) A(–3; 5), B(–1; 4), C(x_C; –6) $x_C =$

c) A(8; –3; –9), B(5; –2; –4), C(2; y_C; z_C) $y_C =$ $z_C =$

d) A(–5; 2; 10), B(–15; 17; 40), C(x_C; –13; z_C) $x_C =$ $z_C =$

e) A(7; –1; 15), B(4; –3; 10), C(x_C; y_C; 20) $x_C =$ $y_C =$

12 Überprüfen Sie, ob der gegebene Punkt X auf der durch $P_1(3; 4; -2)$ und $P_2(1{,}5; 2; 0)$ bestimmten Geraden liegt.

a) $X(2; 2; 1)$ b) $X\left(2; \frac{8}{3}; -\frac{2}{3}\right)$

c) $X(4{,}5; 6; -4)$ d) $X(0; 0; 2)$

13 Geben Sie die Lagebeziehungen der Punkte A(1; 2), B(3; 6), C(0; 0) und D(–2; 1) bezüglich der folgenden Geraden an:

a) g_1: $2x - y = 0$ b) g_2: $\vec{x} = \begin{pmatrix}3\\0\end{pmatrix} + t\begin{pmatrix}2\\2\end{pmatrix}$ c) g_3: $y = \frac{1}{3}x + \frac{1}{2}$

d) g_4: $x + 3y + 15 = 0$ e) g_5: $\vec{x} = \begin{pmatrix}-1\\-2\end{pmatrix} + t\begin{pmatrix}1\\2\end{pmatrix}$

14 Untersuchen Sie rechnerisch und zeichnerisch, ob die drei Punkte L(1; 2), M(3; 4) und N(–2; 0) auf einer gemeinsamen Geraden liegen.

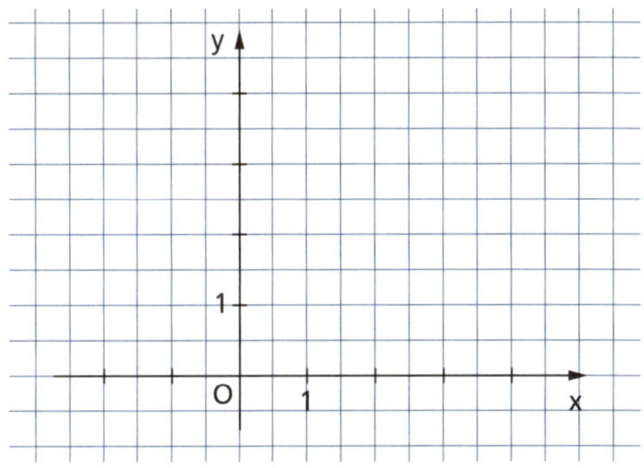

15 Geben Sie jeweils eine Parametergleichung (Vektorschreibweise) und eine parameterfreie Gleichung (Koordinatenschreibweise) der folgenden Geraden der Ebene an:

a) g hat den Richtungsvektor $\begin{pmatrix}-4\\2\end{pmatrix}$ und geht durch O.

b) *l* geht durch die beiden Punkte A(–2; 1) und B(–1; –2).

c) m ist eine Parallele zur Geraden mit der Gleichung $2x - y = 3$ durch den Punkt P(1; –3).

d) n liegt auf der x-Achse des Koordinatensystems.

16 Geben Sie eine Gleichung der folgenden Geraden des Raumes an:

a) g hat den Richtungsvektor $\begin{pmatrix}-2\\3\\-1\end{pmatrix}$ und geht durch O;

b) *l* geht durch die beiden Punkte A(–2; 1; 3) und B(–1; –2; 3)
(Beschreiben Sie in diesem Fall auch anschaulich die Lage von *l* im Koordinatensystem.);

c) m ist die Parallele zur Geraden mit der Gleichung $\vec{x} = \begin{pmatrix}2\\-1\\1\end{pmatrix} + t\begin{pmatrix}-1\\1\\3\end{pmatrix}$ durch P(1; –3; 3);

d) n liegt auf der x-Achse des (räumlichen) Koordinatensystems.

17 Im Bild sind fünf Geraden bezüglich eines Koordinatensystems eingezeichnet. Bestimmen Sie jeweils eine parameterfreie und eine vektorielle Form der Gleichung für jede Gerade.

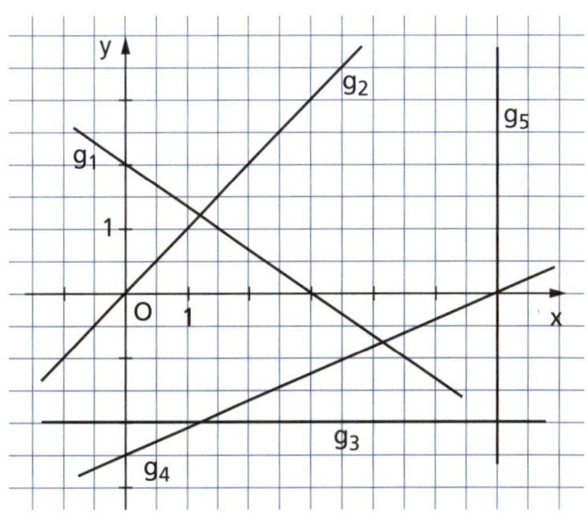

18 Im Raum bewegt sich ein Punkt P geradlinig mit konstanter Geschwindigkeit. Zum Zeitpunkt t = 1 (s) befindet er sich im Punkt $P_1(5; -4; 7)$, zum Zeitpunkt t = 3 (s) im Punkt $P_3(1; 2; 4)$.

a) Bestimmen Sie die Koordinaten des Punktes zum Zeitpunkt t = 0 (s).

b) Wo und wann erreicht P die xy-Ebene?

2.2 Lagebeziehungen von Geraden im Raum

Es seien Geraden g und h durch $\vec{x} = \vec{p}_1 + t\vec{a}_1$ bzw. $\vec{x} = \vec{p}_2 + t\vec{a}_2$ gegeben.

Sind die Richtungsvektoren $\vec{a}_1$ und $\vec{a}_2$ parallel zueinander? Ist also $\vec{a}_1 = k\vec{a}_2$; $k \in \mathbb{R}$?

- nein → Untersuche das Gleichungssystem $\vec{p}_1 + t_1\vec{a}_1 = \vec{p}_2 + t_2\vec{a}_2$ bzw. $t_1\vec{a}_1 - t_2\vec{a}_2 = \vec{p}_2 - \vec{p}_1$
  - ja → Hat dieses Gleichungssystem genau eine Lösung für t_1, t_2?
    - ja → Es gibt ____________
    - nein → Es gibt ____________
- ja → Ist $P_1 \in g_2$? (Punktprobe)
  - ja → g_1 und g_2 sind ____________
  - nein → g_1 und g_2 sind ____________

19 Gegeben seien die beiden Geraden g_1 und g_2 im Raum: g_1 habe den Richtungsvektor $\vec{a} = \begin{pmatrix}2\\1\\1\end{pmatrix}$ und gehe durch $P_1(1;\ 1;\ 1)$, g_2 gehe durch die beiden Punkte $P_2(-4;\ 0;\ 1)$ und $P_3(-2;\ -2;\ -3)$. Untersuchen Sie die Lagebeziehung von g_1 und g_2.

g_1: $\vec{x} = \begin{pmatrix}\ \\ \ \\ \ \end{pmatrix} + t\begin{pmatrix}\ \\ \ \\ \ \end{pmatrix}$, $\vec{a}_1 = \begin{pmatrix}2\\1\\1\end{pmatrix}$ g_2: $\vec{x} = \begin{pmatrix}\ \\ \ \\ \ \end{pmatrix} + t\begin{pmatrix}\ \\ \ \\ \ \end{pmatrix}$, $\vec{a}_2 = \begin{pmatrix}\ \\ \ \\ \ \end{pmatrix}$

Vergleich von $\vec{a}_1$ und $\vec{a}_2$: ____________ $\Rightarrow$ g_1 und g_2 ____________

X_s sei ein eventuell vorhandener Schnittpunkt von g_1 und g_2.

$X_s \in g_1$: Es gibt ein t_1 mit $\vec{x}_s = \begin{pmatrix}\ \\ \ \\ \ \end{pmatrix} + t_1\begin{pmatrix}\ \\ \ \\ \ \end{pmatrix}$. $X_s \in g_2$: Es gibt ein t_2 mit $\vec{x}_s = \begin{pmatrix}\ \\ \ \\ \ \end{pmatrix} + t_2\begin{pmatrix}\ \\ \ \\ \ \end{pmatrix}$

Es müsste gelten: $\begin{pmatrix}\ \\ \ \\ \ \end{pmatrix} + t_1\begin{pmatrix}\ \\ \ \\ \ \end{pmatrix} = \begin{pmatrix}\ \\ \ \\ \ \end{pmatrix} + t_2\begin{pmatrix}\ \\ \ \\ \ \end{pmatrix}$. Daraus folgt das Gleichungssystem:

(I) ____________

(II) ____________

(III) ____________

Als Lösungen dieses Gleichungssystems ergeben sich: $t_1 =$ ______ und $t_2 =$ ______

Folglich ist $S_s($ ___ ; ___ ; ___ $)$ der Schnittpunkt von g_1 und g_2.

20 Gegeben sei ein gerader Pyramidenstumpf, dessen Grund- und Deckfläche Quadrate mit den Seitenlängen 10 LE und 6 LE sind. Die Höhe beträgt 4 LE.

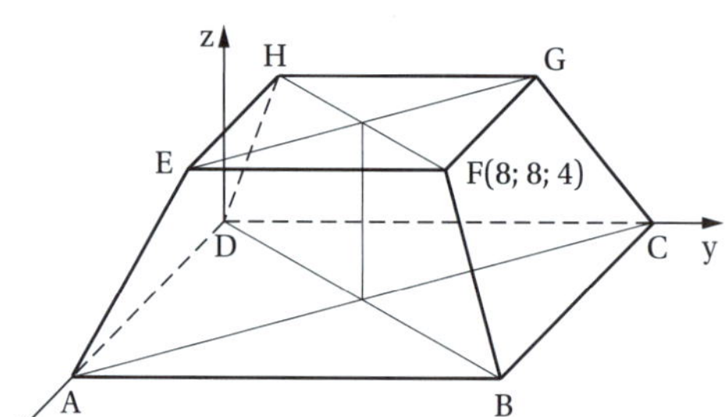

(Skizze nicht maßstäblich)

a) Geben Sie anhand von Körperkanten jeweils zwei Geraden an, die
   - zueinander parallel sind,
   - zueinander windschief sind,
   - einander in einem Punkt schneiden.

b) Stellen Sie für die unter a) genannten Geraden Gleichungen auf und führen Sie damit den Nachweis der jeweiligen Lagebeziehung.

21 Bestimmen Sie jeweils die Lagebeziehungen der in einer Ebene liegenden Geraden g_1 und g_2:

	g_1	g_2	Vergleich der Richtungsvektoren	Punktprobe oder Lösen der Gleichungssysteme	Lagebeziehung von g_1 und g_2 (ggf. Schnittpunkt)
a)	$\vec{x} = \begin{pmatrix} 1 \\ 2 \end{pmatrix} + t\begin{pmatrix} -1 \\ 3 \end{pmatrix}$	$\vec{x} = \begin{pmatrix} 5 \\ -6 \end{pmatrix} + t\begin{pmatrix} 2 \\ -2 \end{pmatrix}$			
b)	$2x + y - 4{,}5 = 0$	$\vec{x} = \begin{pmatrix} 1{,}5 \\ 1{,}5 \end{pmatrix} + t\begin{pmatrix} -3 \\ 6 \end{pmatrix}$			
c)	$\vec{x} = \begin{pmatrix} 0 \\ 1 \end{pmatrix} + t\begin{pmatrix} 1 \\ -3 \end{pmatrix}$	$\vec{x} = \begin{pmatrix} 2 \\ -3 \end{pmatrix} + t\begin{pmatrix} -3 \\ 9 \end{pmatrix}$			
d)	$\vec{x} = \begin{pmatrix} 1 \\ 4 \end{pmatrix} + t\begin{pmatrix} 1 \\ -1 \end{pmatrix}$	$\vec{x} = \begin{pmatrix} -2 \\ 3 \end{pmatrix} + t\begin{pmatrix} 5 \\ -1 \end{pmatrix}$			
e)	$\vec{x} = \begin{pmatrix} 1 \\ -2 \end{pmatrix} + t\begin{pmatrix} 0 \\ 6 \end{pmatrix}$	$\vec{x} = \begin{pmatrix} 2 \\ -1 \end{pmatrix} + t\begin{pmatrix} 14 \\ 10{,}5 \end{pmatrix}$			

22 Bestimmen Sie jeweils die Lagebeziehungen der Geraden g_1 und g_2:

	g_1	g_2	Vergleich der Richtungsvektoren	Punktprobe oder Lösen der Gleichungssysteme	Lagebeziehung von g_1 und g_2 (ggf. Schnittpunkt)
a)	$\vec{x} = \begin{pmatrix} 2 \\ 1 \\ -1 \end{pmatrix} + t\begin{pmatrix} -4 \\ 1 \\ 4 \end{pmatrix}$	$\vec{x} = \begin{pmatrix} 1 \\ 1 \\ 1 \end{pmatrix} + t\begin{pmatrix} 5 \\ 3 \\ -6 \end{pmatrix}$			
b)	$\vec{x} = \begin{pmatrix} 1 \\ 2 \\ -4 \end{pmatrix} + t\begin{pmatrix} 8 \\ -4 \\ 2 \end{pmatrix}$	$\vec{x} = \begin{pmatrix} 3 \\ -2 \\ -5 \end{pmatrix} + t\begin{pmatrix} 20 \\ -10 \\ 5 \end{pmatrix}$			
c)	$\vec{x} = \begin{pmatrix} 1 \\ 1 \\ -1 \end{pmatrix} + t\begin{pmatrix} 1 \\ 2 \\ 1 \end{pmatrix}$	$\vec{x} = \begin{pmatrix} 0 \\ 1 \\ 1 \end{pmatrix} + t\begin{pmatrix} 1 \\ 1 \\ 1 \end{pmatrix}$			
d)	$\vec{x} = \begin{pmatrix} 1 \\ 0 \\ 1 \end{pmatrix} + t\begin{pmatrix} 1 \\ 1 \\ -2 \end{pmatrix}$	$\vec{x} = \begin{pmatrix} 1 \\ 0 \\ 0 \end{pmatrix} + t\begin{pmatrix} 2 \\ 2 \\ -3 \end{pmatrix}$			

23 Eine Gerade g sei durch die Punkte A und B, eine Gerade h durch die Punkte C und D bestimmt. Überprüfen Sie, ob g und h einander schneiden und berechnen Sie gegebenenfalls die Koordinaten des Schnittpunkts S.

	g	Gleichung für g	Gleichung für h	Lagebeziehung/ Schnittpunkt
a)	A(1; 4), B(2; 3); C(3; 3), D(5; 10)			
b)	A(3; 1; 2), B(5; 3; 4); C(2; 1; 1), D(3; 3; 2)			
c)	A(4; 1; 5), B(6; 0; 6); C(–3; –6; 0), D(–2; –3; 1)			

24 Prüfen Sie, ob das Viereck ABCD eben ist.
(Hinweis: In einem ebenen Viereck schneiden die Diagonalen einander.)

a) A(2; 1; 2), B(5; 2; 1), C(6; 5; 3), D(0; 3; 5)

b) A(2; 2; 4), B(5; 3; 2), C(6; 9; 1), D(3; 8; 5)

c) A(2; –1; 0), B(3; 5; 2), C(–2; 2; 2), D(1; 1; 3)

d) A(1; 2; 2), B(13; –4; 8), C(11; –2; 6), D(5; 1; 3)

25 In einem räumlichen Koordinatensystem sei ein Körper durch seine Eckpunkte gegeben:
A(0; 0; 0), D(0; 5; 0), C(3; 7; 0), B(3; 2; 0),
E(1; 1; 4), H(1; 6; 4), G(4; 8; 4), F(4; 3; 4).
Berechnen Sie die Schnittpunkte folgender Raumdiagonalen. (Skizzieren Sie zuvor den Sachverhalt in einem räumlichen Koordinatensystem.)

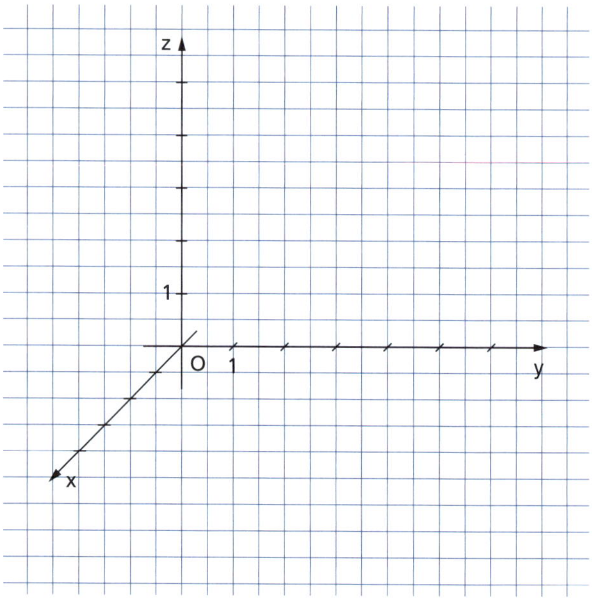

AG: $\vec{x} =$

BH: $\vec{x} =$

EC: $\vec{x} =$

a) $\overline{AG}$ und $\overline{BH}$ S(; ;)

b) $\overline{AG}$ und $\overline{EC}$ S(; ;)

c) $\overline{BH}$ und $\overline{EC}$ S(; ;)

26 Bestimmen Sie die Schnittpunkte der Geraden g: $\vec{x} = \begin{pmatrix}1\\2\\1\end{pmatrix} + t\begin{pmatrix}-1\\-1\\1\end{pmatrix}$ mit den drei Koordinatenebenen.

① Für jeden Punkt der xy-Ebene gilt: P_{xy}(; ;)

② Für jeden Punkt der yz-Ebene gilt: P_{yz}(; ;)

③ Für jeden Punkt der xz-Ebene gilt: P_{xz}(; ;)

Durch Einsetzen in die Gleichung von g erhält man:

$t_1 =$ ⇒ P_{yz}(; ;)

$t_2 =$ ⇒ P_{xy}(; ;)

$t_3 =$ ⇒ P_{xz}(; ;)

27 Gegeben sind ein Punkt $P_0(3; 4,5; 1)$ und ein Vektor $\vec{a} = \begin{pmatrix}2\\3\\-1\end{pmatrix}$.

a) Geben Sie eine Gleichung der durch P_0 und $\vec{a}$ bestimmten Geraden an.
b) Bestimmen Sie den Schnittpunkt von g mit der xy-Ebene.
c) Zeigen sie, dass g die z-Achse schneidet! Bestimmen sie diesen Schnittpunkt.

28 Geben Sie zu den gegebenen Geraden g jeweils ein Beispiel einer schneidenden, einer parallelen und einer windschiefen Geraden an.

g	mit g schneidend	zu g parallel	zu g windschief
$\vec{x} = \begin{pmatrix}1\\2\\3\end{pmatrix} + s\begin{pmatrix}-1\\2\\0\end{pmatrix}$			
$\vec{x} = s\begin{pmatrix}1\\1\\1\end{pmatrix}$			
$\vec{x} = \begin{pmatrix}1\\1\\1\end{pmatrix} + s\begin{pmatrix}0\\0\\1\end{pmatrix}$			
$\vec{x} = s\begin{pmatrix}2\\0\\0\end{pmatrix}$			

3 Ebenen im Raum

3.1 Gleichungen von Ebenen

Eine durch einen Punkt P_0 und zwei nicht parallele Richtungsvektoren $\vec{u}$ und $\vec{v}$ eindeutig bestimmte Ebene E kann durch die vektorielle Punktrichtungsgleichung $\vec{x}$ = ______ (r, s ∈ ℝ) beschrieben werden.

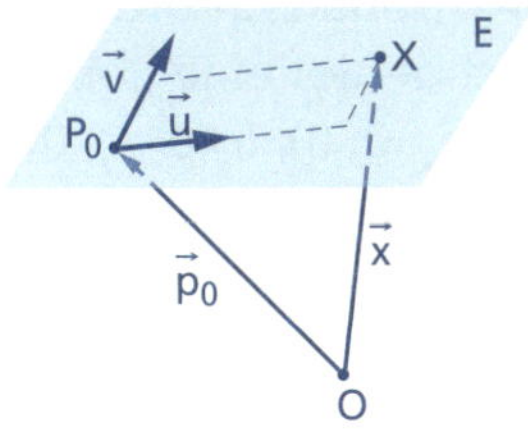

Sind P_1, P_2 und P_3 drei Punkte des Raumes, die nicht auf derselben Geraden liegen, und sind $\vec{p}_1$, $\vec{p}_2$ und $\vec{p}_3$ die dazugehörigen Ortsvektoren, so kann die dadurch bestimmte Ebene E durch die vektorielle Dreipunktegleichung

$\vec{x}$ = ______ (r, s ∈ ℝ) beschrieben werden.

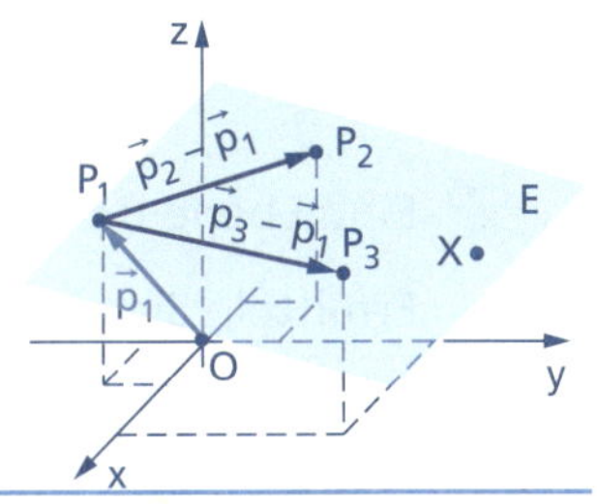

1 Gegeben sei eine Ebene E durch die drei Punkte A(1; 4; 0), B(–1; 2; 3) und C(1; 0; 0).
Geben Sie eine Gleichung dieser Ebene in Vektorform an.

$\vec{a} = \begin{pmatrix} \\ \\ \end{pmatrix}$, $\vec{b} = \begin{pmatrix} \\ \\ \end{pmatrix}$ und $\vec{c} = \begin{pmatrix} \\ \\ \end{pmatrix}$ sind die Ortsvektoren zu den Punkten A, B und C.

Mit A als Ausgangspunkt erhält man $\vec{u} = \begin{pmatrix} \\ \\ \end{pmatrix}$ und $\vec{v} = \begin{pmatrix} \\ \\ \end{pmatrix}$ als zwei Richtungsvektoren dieser Ebene.

Folglich ist $\vec{x} = \begin{pmatrix} \\ \\ \end{pmatrix} + r\begin{pmatrix} \\ \\ \end{pmatrix} + s\begin{pmatrix} \\ \\ \end{pmatrix}$ eine Gleichung von E.

2 Gegeben seien die Punkte A, B und C.
Bestimmen Sie jeweils eine Gleichung der Ebene E, die diese Punkte enthält.

		Richtungsvektoren	Gleichung der Ebene
a)	A(5; –3; 0), B(7; 1; 5), C (–2; 0; 1)	$\vec{u} = \begin{pmatrix} \\ \\ \end{pmatrix}$, $\vec{v} = \begin{pmatrix} \\ \\ \end{pmatrix}$	
b)	A(0; 0; –2), B(3; 5; 7), C(–1; –2; –3)	$\vec{u} = \begin{pmatrix} \\ \\ \end{pmatrix}$, $\vec{v} = \begin{pmatrix} \\ \\ \end{pmatrix}$	
c)	A(0; 4; –1), B(3; 8; –2), C(–7; –1; –6)	$\vec{u} = \begin{pmatrix} \\ \\ \end{pmatrix}$, $\vec{v} = \begin{pmatrix} \\ \\ \end{pmatrix}$	
d)	A(2; 0; 3), B(1; –1; 0), C(4; 2; 9)	$\vec{u} = \begin{pmatrix} \\ \\ \end{pmatrix}$, $\vec{v} = \begin{pmatrix} \\ \\ \end{pmatrix}$	

3 Gegeben seien ein Punkt P und ein Vektor $\vec{u}$. Bestimmen Sie jeweils einen Vektor $\vec{v}$ so, dass durch P, $\vec{u}$ und $\vec{v}$ eine Ebene E eindeutig festgelegt ist. Stellen Sie eine Gleichung der Ebene auf.

a) P(7; 3; 4), $\vec{u} = \begin{pmatrix} 3 \\ 1 \\ 2 \end{pmatrix}$ b) P(0; 3; 0), $\vec{u} = \begin{pmatrix} 2 \\ -1 \\ 0 \end{pmatrix}$ c) P(4; –1; 2), $\vec{u} = \begin{pmatrix} 3 \\ 4 \\ -1 \end{pmatrix}$

$\vec{v} = \begin{pmatrix} \\ \\ \end{pmatrix}$, $\vec{x}$ = ______ $\vec{v} = \begin{pmatrix} \\ \\ \end{pmatrix}$, $\vec{x}$ = ______ $\vec{v} = \begin{pmatrix} \\ \\ \end{pmatrix}$, $\vec{x}$ = ______

4 Beschreiben Sie jeweils die Menge der Punkte X mit dem Ortsvektor $\vec{x}$, für die gilt:

a) $\vec{x} \cdot \begin{pmatrix} 3 \\ 2 \end{pmatrix} = 0$ b) $\begin{pmatrix} 1 \\ 1 \end{pmatrix} \cdot \vec{x} = 4$ c) $\begin{pmatrix} 1 \\ 1 \\ 1 \end{pmatrix} \cdot \vec{x} = 0$ d) $\begin{pmatrix} 1 \\ 0 \end{pmatrix} \cdot \vec{x} = -2$ e) $\begin{pmatrix} 4 \\ 0 \\ 0 \end{pmatrix} \cdot \vec{x} = -4$ f) $\begin{pmatrix} 5 \\ 1 \\ 3 \end{pmatrix} \cdot \vec{x} = 0$

Koordinatengleichung einer Ebene

Eine lineare Gleichung der Form $ax + by + cz = d$ beschreibt eine Ebene, falls die Koeffizienten a, b, c nicht alle 0 sind.

Achsenabschnittsgleichung einer Ebene

Schneidet eine Ebene E die Achsen eines Koordinatensystems in den Punkten $S_x(s_x; 0; 0)$, $S_y(0; s_y; 0)$ und $S_z(0; 0; s_z)$ mit $s_x, s_y, s_z \neq 0$, so besitzt sie die Koordinatengleichung

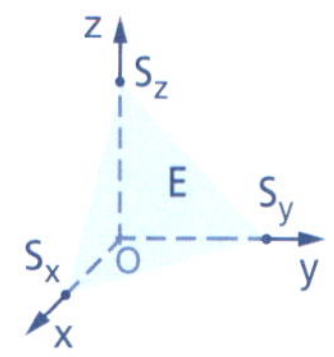

$\frac{\_\_\_}{\_\_\_} + \frac{\_\_\_}{\_\_\_} + \frac{\_\_\_}{\_\_\_} = 1.$

Die Schnittpunkte einer Ebene mit den Koordinatenachsen heißen ___ der Ebene.

5 Eine Ebene E sei durch die vektorielle Gleichung $\vec{x} = \begin{pmatrix} -1 \\ 2 \\ 1 \end{pmatrix} + r\begin{pmatrix} 1 \\ -2 \\ 3 \end{pmatrix} + s\begin{pmatrix} 2 \\ -6 \\ 7 \end{pmatrix}$ gegeben.

Ermitteln Sie ein Koordinatengleichung der Ebene.

Variante 1

Stellen Sie ein zur Punktrichtungsgleichung der Ebene äquivalentes Gleichungssystem auf und eliminieren Sie r und s.

(I) x = ___ ⇒ (I') r = ___

(II) y = ___ (I') in (II) s = ___

(III) z = ___

r und s eingesetzt in (III): z = ___

Koordinatengleichung: ___

Variante 2

Ermitteln Sie aus der Punktrichtungsgleichung die Spurpunkte der Ebene und stellen Sie daraus die Achsenabschnittsgleichung der Ebene auf.

Für die Spurpunkte gilt: S_x(___ ; ___ ; ___) S_y(___ ; ___ ; ___) S_z(___ ; ___ ; ___)

Zu lösende Gleichungssysteme: ___

Lösung: r = ___ ; s = ___ r = ___ ; s = ___ r = ___ ; s = ___

Spurpunkte: S_x(___ ; ___ ; ___) S_y(___ ; ___ ; ___) S_z(___ ; ___ ; ___)

Achsenabschnittsgleichung: ___

Allgemeine Koordinatengleichung: ___

6 Gegeben sei eine Ebene E durch $\vec{x} = \begin{pmatrix} 1 \\ 4 \\ 0 \end{pmatrix} + r\begin{pmatrix} -2 \\ -2 \\ 3 \end{pmatrix} + s\begin{pmatrix} 0 \\ -4 \\ 0 \end{pmatrix}$.

a) Geben Sie fünf Punkte der Ebene an.

b) Ermitteln Sie eine Koordinatengleichung dieser Ebene.

c) Berechnen Sie die Spurpunkte von E.

7 Gegeben seien die folgenden Gleichungen von Ebenen im Raum in vektorieller Form:

a) $\vec{x} = \begin{pmatrix} -2 \\ 3 \\ 1 \end{pmatrix} + r\begin{pmatrix} 1 \\ 2 \\ 3 \end{pmatrix} + s\begin{pmatrix} -3 \\ 1 \\ 2 \end{pmatrix}$

b) $\vec{x} = \begin{pmatrix} 1 \\ 2 \\ 5 \end{pmatrix} + r\begin{pmatrix} 0 \\ 1 \\ 4 \end{pmatrix} + s\begin{pmatrix} 0 \\ -2 \\ 1 \end{pmatrix}$

c) $\vec{x} = \begin{pmatrix} 0 \\ 0 \\ 0 \end{pmatrix} + r\begin{pmatrix} 1 \\ 1 \\ 1 \end{pmatrix} + s\begin{pmatrix} 1 \\ -1 \\ 1 \end{pmatrix}$

d) $\vec{x} = \begin{pmatrix} -3 \\ -2 \\ 1 \end{pmatrix} + r\begin{pmatrix} 0 \\ 0 \\ 1 \end{pmatrix} + s\begin{pmatrix} 1 \\ 0 \\ 0 \end{pmatrix}$

Bestimmen Sie zu jeder Ebene eine Koordinatengleichung.

8 Eine Ebene sei durch die Koordinatengleichung $x + 5y - 7z = 11$ gegeben.
Bestimmen Sie drei Punkte der Ebene, die nicht auf ein und derselben Geraden liegen und stellen Sie daraus eine vektorielle Gleichung auf.

Drei Punkte: z. B. $P_1(\quad;\quad;\quad)$, $P_2(\quad;\quad;\quad)$, $P_3(\quad;\quad;\quad)$

Spannvektoren: z. B. $\vec{u} = \begin{pmatrix} \\ \\ \end{pmatrix}$, $\vec{v} = \begin{pmatrix} \\ \\ \end{pmatrix}$

Punktrichtungsgleichung: $\vec{x} = \begin{pmatrix} \\ \\ \end{pmatrix} + r\begin{pmatrix} \\ \\ \end{pmatrix} + s\begin{pmatrix} \\ \\ \end{pmatrix}$

9 Bestimmen Sie zu den folgenden parameterfreien Gleichungen von Ebenen im Raum jeweils eine vektorielle Gleichung:

a) $2x - 3y + 4z + 2 = 0$

b) $3x + 4z - 5 = 0$

c) $-4x - 3y + 2z - 1 = 0$

d) $4x - 5 = 0$

e) $z = 0$

f) $1x - 2y + 3z = 4$

10 Welcher der vier Punkte T(2; 5; 3), U(16; 12; –5), V(–6; – 4; 3), W(–6; 3; 4) liegt auf der Ebene
E: $\vec{x} = \begin{pmatrix} -2 \\ -2 \\ 1 \end{pmatrix} + r\begin{pmatrix} 1 \\ 3 \\ 2 \end{pmatrix} + s\begin{pmatrix} 3 \\ 4 \\ 1 \end{pmatrix}$?

11 Untersuchen Sie die Lagebeziehungen der Punkte U(1; 1; 1), V(3; 4; 5) und W(–2; 3; –1) bezüglich der beiden Ebenen

E_1: $2x + 4y - 4z - 2 = 0$, E_2: $\vec{x} = \begin{pmatrix} -2 \\ -2 \\ 1 \end{pmatrix} + r\begin{pmatrix} 1 \\ 3 \\ 2 \end{pmatrix} + s\begin{pmatrix} 3 \\ 4 \\ 1 \end{pmatrix}$.

12 Gegeben sind die beiden Geraden g: $\vec{x} = \begin{pmatrix} 1 \\ 4 \\ -1 \end{pmatrix} + t\begin{pmatrix} 1 \\ -2 \\ 3 \end{pmatrix}$ und h: $\vec{x} = \begin{pmatrix} 1 \\ 4 \\ 5 \end{pmatrix} + t\begin{pmatrix} -1 \\ 2 \\ 3 \end{pmatrix}$, die einander im Punkt S(2; 2; 2) schneiden.
Bestimmen Sie eine Gleichung der durch g und h eindeutig bestimmten Ebene.

13 Gegeben seien eine Gerade g: $\vec{x} = \begin{pmatrix} 1 \\ 1 \\ -2 \end{pmatrix} + r\begin{pmatrix} -2 \\ 1 \\ 3 \end{pmatrix}$ und ein Punkt P(–4; 3; –2).
Bestimmen Sie eine Gleichung der durch g und P eindeutig bestimmten Ebene.

14 Gegeben sei eine Ebene E durch ihre Gleichung
$\vec{x} = \begin{pmatrix} 0 \\ 1 \\ 2 \end{pmatrix} + r\begin{pmatrix} -1{,}5 \\ 0 \\ 2 \end{pmatrix} + s\begin{pmatrix} 1{,}5 \\ -1 \\ 0 \end{pmatrix}$.
Bestimmen Sie die Spurpunkte dieser Ebene, stellen Sie eine Achsenabschnittsgleichung der Ebene auf und veranschaulichen Sie die Ebene im Koordinatensystem.

$S_x(\quad;\quad;\quad)$ $S_y(\quad;\quad;\quad)$ $S_z(\quad;\quad;\quad)$

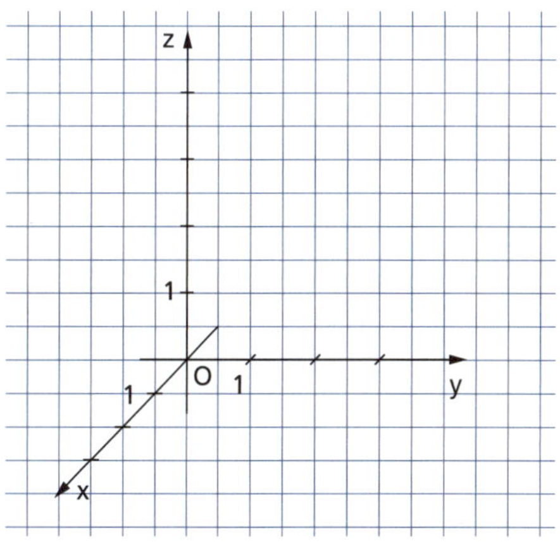

15 Gegeben seien eine Ebene E durch die Gleichung E: $\frac{x}{3} - \frac{y}{2} + \frac{z}{3} = 1$ und eine Gerade g durch die Gleichung g: $\vec{x} = \begin{pmatrix} 4 \\ 1 \\ 0{,}5 \end{pmatrix} + t\begin{pmatrix} 4 \\ 2 \\ -1 \end{pmatrix}$. Zeigen Sie, dass g in E liegt. (Hinweis: Zeigen Sie, dass zwei Punkte von g in E liegen.)

16 Gegeben sei eine Ebene E durch die Gleichung E: $\vec{x} = \begin{pmatrix} -2 \\ 1 \\ 2 \end{pmatrix} + r\begin{pmatrix} 4 \\ -1 \\ 2 \end{pmatrix} + s\begin{pmatrix} 1 \\ 2 \\ 3 \end{pmatrix}$.
Bestimmen Sie die Punktmengen, die durch die folgenden Einschränkungen der Parameter bestimmt sind:

a) $r = 2, s = -1$ b) $r = 1, s \in \mathbb{R}$ c) $r = 1, -2 \leq s \leq 2$ d) $1 \leq r \leq 3, -2 \leq s \leq 2$

17 Gegeben sei eine Ebene E. Bestimmen Sie die Spurpunkte und daraus die Gleichungen der Schnittgeraden (falls vorhanden) von E mit den Koordinatenebenen.

a) E: $\vec{x} = \begin{pmatrix} 4 \\ 2 \\ 2 \end{pmatrix} + r\begin{pmatrix} 8 \\ -4 \\ 0 \end{pmatrix} + s\begin{pmatrix} 8 \\ -4 \\ 6 \end{pmatrix}$ Spurpunkte: $S_x($; ; $)$ $S_y($; ; $)$ $S_z($; ; $)$

$\Rightarrow g_{xy}$: g_{xz}: g_{yz}:

b) E: $3x + 6y + 4z = 24$ Spurpunkte: $S_x($; ; $)$ $S_y($; ; $)$ $S_z($; ; $)$

$\Rightarrow g_{xy}$: g_{xz}: g_{yz}:

c) E: $\vec{x} = \begin{pmatrix} 2 \\ 2 \\ 2 \end{pmatrix} + r\begin{pmatrix} 1 \\ 2 \\ 3 \end{pmatrix} + s\begin{pmatrix} -2 \\ 2 \\ 1 \end{pmatrix}$ Spurpunkte: $S_x($; ; $)$ $S_y($; ; $)$ $S_z($; ; $)$

$\Rightarrow g_{xy}$: g_{xz}: g_{yz}:

18 Das im räumlichen Koordinatensystem dargestellte Haus habe folgende Eckpunkte:
A(12; 0; 0), B(12; 10; 0), C(0; 10; 0), D(0; 0; 0),
E(12; 0; 3), F(12; 10; 3), G(0; 10; 3), H(0; 0; 3),
S(6; 5; 6)

Stellen Sie jeweils eine Ebenengleichung auf für
- die vier Seitenflächen,
- die vier Dachflächen,
- die Grundfläche ABCD des Hauses,
- die Grundfläche EFGH des Dachbodens.

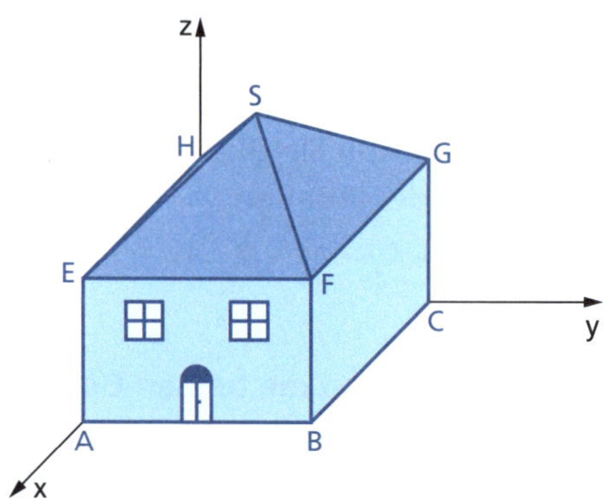

19 Vervollständigen Sie die Tabelle, indem Sie die Ebenengleichungen umformen bzw. aufstellen.

3 Punkte einer Ebene	vektorielle Gleichung	Koordinatengleichung	Achsenabschnittsgleichung
			$\frac{x}{-3} + \frac{y}{\frac{3}{4}} + \frac{z}{-1} = 1$
		$x + 7y + 3z - 4 = 0$	
	$\vec{x} = \begin{pmatrix} 10 \\ 3 \\ -5 \end{pmatrix} + s\begin{pmatrix} -7 \\ 4 \\ 6 \end{pmatrix} + t\begin{pmatrix} -12 \\ 3 \\ 7 \end{pmatrix}$		
(6; 2; −1), (−3; 5; 2), (5; 6; 3)			

3.2 Lagebeziehungen von Geraden und Ebenen

Gegeben seien eine Gerade g: $\vec{x} = \vec{p}_0 + t\vec{a}$ und eine Ebene E: $\vec{x} = \vec{p}_1 + r\vec{u} + s\vec{v}$.

Hat das Gleichungssystem $\vec{p}_0 + t\vec{a} = \vec{p}_1 + r\vec{u} + s\vec{v}$ mit den Parametern r, s und t

- ______, dann sind Geraden und Ebene (echt) parallel zueinander,
- ______, dann liegt die Gerade in der Ebene,
- ______, dann schneiden g und E einander in einem Punkt. Der gemeinsame Punkt wird als Schnittpunkt oder Durchstoßpunkt bezeichnet.

20 Gegeben seien eine Ebene E: $\vec{x} = \begin{pmatrix}2\\1\\6\end{pmatrix} + r\begin{pmatrix}-3\\0\\4\end{pmatrix} + s\begin{pmatrix}-2\\1\\3\end{pmatrix}$ und die Gerade g: $\vec{x} = \begin{pmatrix}1\\0\\2\end{pmatrix} + t\begin{pmatrix}-1\\-1\\-1\end{pmatrix}$.
Bestimmen Sie den Schnittpunkt von g und E.

Ist P ein gemeinsamer Punkt von g und E, dann muss es zwei Zahlen r_1 und s_1 geben, sodass
$\vec{p} = \begin{pmatrix}\;\end{pmatrix} + r_1\begin{pmatrix}\;\end{pmatrix} + s_1\begin{pmatrix}\;\end{pmatrix}$, und eine Zahl t_1, sodass $\vec{p} = \begin{pmatrix}\;\end{pmatrix} + t_1\begin{pmatrix}\;\end{pmatrix}$ ist.

Also muss $\begin{pmatrix}\;\end{pmatrix} + t_1\begin{pmatrix}\;\end{pmatrix} = \begin{pmatrix}\;\end{pmatrix} + r_1\begin{pmatrix}\;\end{pmatrix} + s_1\begin{pmatrix}\;\end{pmatrix}$ sein, woraus sich das folgende Gleichungssystem ergibt:

(I): ______

(II): ______

(III): ______

Dieses Gleichungssystem hat eine eindeutig bestimmte Lösung $r_1 =$ ___ , $s_1 =$ ___ und $t_1 =$ ___ ,
woraus sich der Schnittpunkt P(___ ; ___ ; ___) von E und g ermitteln lässt.

21 Bestimmen Sie die Schnittpunkte der Geraden g: $\vec{x} = \begin{pmatrix}2\\-1\\3\end{pmatrix} + t\begin{pmatrix}-1\\0\\3\end{pmatrix}$ mit den Koordinatenebenen.

22 Bestimmen Sie die Gleichung der Ebene, die die Koordinatenachsen in den Punkten $P_x(-3; 0; 0)$, $P_y(0; -1; 0)$, $P_z(0; 0; -2)$ schneidet.

23 Wie liegen die Geraden g, h, *l* und m bezüglich der Ebene E: $\frac{x}{2} + \frac{y}{3} + \frac{z}{4} = 1$?

g: $\vec{x} = \begin{pmatrix}-1\\-1\\2\end{pmatrix} + t\begin{pmatrix}1\\-3\\2\end{pmatrix}$ h: $\vec{x} = \begin{pmatrix}3\\4\\-2\end{pmatrix} + t\begin{pmatrix}1\\1\\2\end{pmatrix}$ *l*: $\vec{x} = \begin{pmatrix}0\\4\\-5\end{pmatrix} + t\begin{pmatrix}2\\-1\\1\end{pmatrix}$ m: $\vec{x} = \begin{pmatrix}2\\1{,}5\\-2\end{pmatrix} + t\begin{pmatrix}1\\1{,}5\\-4\end{pmatrix}$

Bestimmen Sie gegebenenfalls die Durchstoßpunkte.

24 Untersuchen Sie die Lagebeziehungen der Geraden g_1, g_2, g_3 bezüglich der Ebene E mit der Gleichung E: $2x + 3y - z + 2 = 0$:

a) g_1: $\vec{x} = \begin{pmatrix}1\\-2\\-2\end{pmatrix} + t\begin{pmatrix}1\\2\\3\end{pmatrix}$ b) g_2: $\vec{x} = \begin{pmatrix}0\\0\\2\end{pmatrix} + t\begin{pmatrix}-1\\0\\-2\end{pmatrix}$ c) g_3: $\vec{x} = \begin{pmatrix}1\\-2\\2\end{pmatrix} + t\begin{pmatrix}-1\\-1\\-5\end{pmatrix}$

Bestimmen Sie gegebenenfalls die Durchstoßpunkte.

25 a) Geben Sie eine Gleichung einer Ebene E an, die zur Geraden g: $\vec{x} = \begin{pmatrix}1\\4\\1\end{pmatrix} + t\begin{pmatrix}1\\1\\2\end{pmatrix}$ echt parallel ist.

b) Geben Sie eine Gleichung einer Geraden g an, die zur Ebene E: $2x - 3y + z - 4 = 0$ echt parallel ist.

26 Welche spezielle Lage zu den Koordinatenebenen und Koordinatenachsen besitzen die Geraden mit den folgenden Gleichungen:

a) g_1: $\vec{x} = \begin{pmatrix} 1 \\ 2 \\ -3 \end{pmatrix} + t\begin{pmatrix} 0 \\ 2 \\ 1 \end{pmatrix}$ b) g_2: $\vec{x} = \begin{pmatrix} 2 \\ 0 \\ -5 \end{pmatrix} + t\begin{pmatrix} 3 \\ 0 \\ 2 \end{pmatrix}$ c) g_3: $\vec{x} = \begin{pmatrix} 1 \\ 2 \\ -1 \end{pmatrix} + t\begin{pmatrix} 0 \\ 0 \\ 1 \end{pmatrix}$

27 Ein Würfel der Kantenlänge 2 liegt so in einem kartesischen Koordinatensystem, wie es in der Abbildung gezeigt ist.
Berechnen Sie den Durchstoßpunkt der Strecke $\overline{BH}$ durch die Ebene F, die durch die Punkte D, E und G geht.

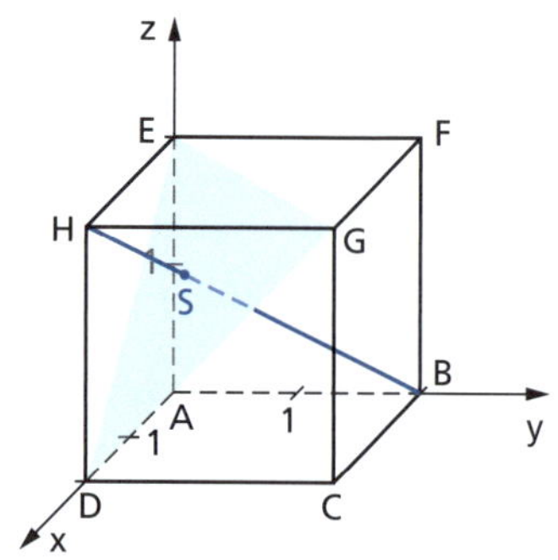

***28** Gegeben seien die Ebene E: $3x + 4y - 2z - 3 = 0$ und der Punkt P(–3; – 6; 11).

a) Bestimmen Sie die Gleichung einer Geraden g durch P, die zu E parallel ist.
b) Bestimmen Sie die Gleichung einer Geraden h durch P, die zu E senkrecht ist.

***29** Gegeben seien eine Ebene E: $\vec{x} = \begin{pmatrix} 1 \\ 3 \\ 1 \end{pmatrix} + r\begin{pmatrix} 1 \\ 2 \\ 0 \end{pmatrix} + s\begin{pmatrix} 1 \\ -1 \\ -1 \end{pmatrix}$ und eine Gerade g.

Bestimmen Sie den Durchstoßpunkt von g durch E, falls dieser vorhanden ist.

a) g: $\vec{x} = \begin{pmatrix} 2 \\ 4 \\ 2 \end{pmatrix} + t\begin{pmatrix} 3 \\ 0 \\ -2 \end{pmatrix}$ b) g: $\vec{x} = \begin{pmatrix} 2 \\ 4 \\ 2 \end{pmatrix} + t\begin{pmatrix} 0 \\ 4 \\ 4 \end{pmatrix}$ c) g: $\vec{x} = \begin{pmatrix} 0 \\ 1 \\ 1 \end{pmatrix} + t\begin{pmatrix} 2 \\ 1 \\ -1 \end{pmatrix}$

***30** Kreuzen Sie jeweils die richtige Antwort an:

a) Die Gerade mit der Gleichung $y = 2z + 3$ liegt

① in der xy-Ebene
② senkrecht zur xy-Ebene
③ parallel zur yz-Ebene
④ in der Ebene $y = 2z$
⑤ in einem ebenen yz-Koordinatensystem

b) Keine Gleichung einer Geraden, die einen gemeinsamen Schnittpunkt mit allen Koordinatenebenen hat ist

① $\vec{x} = t\begin{pmatrix} 1 \\ 1 \\ 1 \end{pmatrix}$ $(t \in \mathbb{R})$
② $\vec{x} = \begin{pmatrix} 1 \\ 1 \\ 1 \end{pmatrix}$ $(t \in \mathbb{R})$
③ $\vec{x} = \begin{pmatrix} -1 \\ -1 \\ -1 \end{pmatrix} - t\begin{pmatrix} 1 \\ 1 \\ 1 \end{pmatrix}$ $(t \in \mathbb{R})$
④ $\vec{x} = t\begin{pmatrix} 2 \\ 2 \\ 2 \end{pmatrix}$ $(t \in \mathbb{R})$
⑤ $\vec{x} = \begin{pmatrix} 1 \\ 1 \\ 1 \end{pmatrix} + t\begin{pmatrix} 1 \\ 1 \\ 1 \end{pmatrix}$ $(t \in \mathbb{R})$

c) Gegeben seien eine Gerade g: $\vec{x} = \vec{p}_0 + t\vec{a}$ und eine Ebene E: $\vec{x} = \vec{p}_1 + r\vec{u} + s\vec{v}$.
Hat das Gleichungssystem $\vec{p}_0 + t\vec{a} = \vec{p}_1 + r\vec{u} + s\vec{v}$ mit den Parametern t, r und s keine Lösung, so:

① sind die Gerade und die Ebene parallel
② sind die Gerade und die Ebene identisch
③ schneiden sich die Gerade und die Ebene in einem Punkt
④ sind die Gerade und die Ebene zueinander windschief
⑤ ist die Gerade Schnittgerade der Ebene

3.3 Lagebeziehungen von zwei Ebenen

***31** Gegeben seien im Raum vier Ebenen E, E_1, E_2 und E_3.

E: $\vec{x} = \begin{pmatrix} 3 \\ 0 \\ 1 \end{pmatrix} + r\begin{pmatrix} -1 \\ 3 \\ 3 \end{pmatrix} + s\begin{pmatrix} 2 \\ -1 \\ 0 \end{pmatrix}$,

E_1: $\vec{x} = \begin{pmatrix} 0 \\ 2 \\ 3 \end{pmatrix} + r\begin{pmatrix} -1 \\ 1 \\ 2 \end{pmatrix} + s\begin{pmatrix} -2 \\ -1 \\ -1 \end{pmatrix}$,

E_2: $6x + 12y - 10z - 8 = 0$

E_3: $P_1(2; 2; 2)$, $P_2(4; 6; 8)$, $P_3(6; 0; 2)$

Untersuchen Sie das Schnittverhalten der drei Ebenen E_1, E_2 und E_3 bezüglich der Ebene E.

E_1: Wenn E und E_1 gemeinsame Punkte besitzen, so muss gelten:

Daraus folgt:

(I):

(II):

(III):

Das Gleichungssystem ist lösbar.

Es gilt: $r_2 =$ bzw. $s_2 =$

$\Rightarrow$ Aus der Gleichung von E_1 folgt für die Gleichung der Schnittgeraden:

$\vec{x} =$ $\Rightarrow$ $\vec{x} =$

E_2: Die parameterfreie Gleichung von E lautet:

Es ergibt sich:

E_3: Die Gleichung der Ebene durch die drei gegebenen Punkte lautet: $\vec{x} = \begin{pmatrix} \\ \\ \end{pmatrix} + r\begin{pmatrix} \\ \\ \end{pmatrix} + s\begin{pmatrix} \\ \\ \end{pmatrix}$

$\Rightarrow$

***32** Gegeben ist ein lineares Gleichungssystem mit zwei Gleichungen und drei Variablen:

(I) $x + 2y + z = 6$

(II) $2x + y + z = 6$

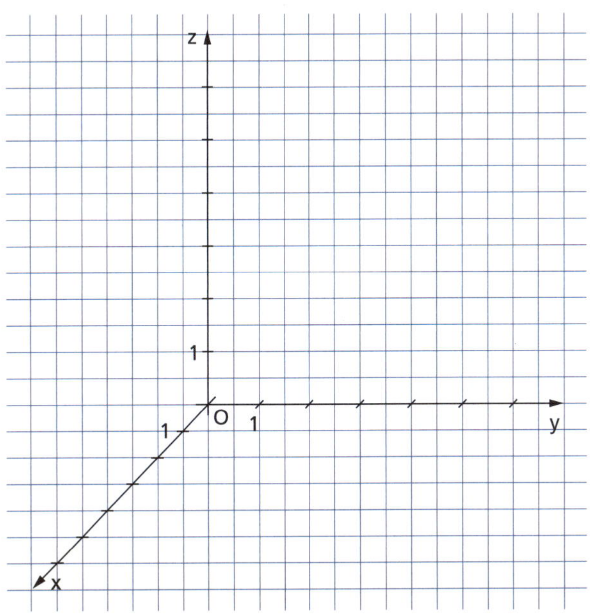

a) Lösen Sie das Gleichungssystem mithilfe des gaußschen Eliminierungsverfahrens.

b) Geben Sie für beide Gleichungen des Systems eine geometrische Interpretation: Notieren Sie die Achsenabschnittsgleichungen, die den gegebenen Gleichungen entsprechen.

Veranschaulichen Sie die zu den Gleichungen gehörenden Ebenen im Koordinatensystem. Geben Sie eine Gleichung der Schnittgeraden beider Ebenen an und vergleichen Sie diese mit der Lösungsmenge des Gleichungssystems.

Schnittgerade g aus den Punkten P(; ;) und Q(; ;): $\vec{x} =$

***33** Untersuchen Sie die gegenseitige Lage der Ebenen E_1, E_2 sowie E_3 und berechnen Sie eventuelle Schnittgeraden zweier Ebenen. Besitzen die drei Ebenen einen gemeinsamen Schnittpunkt?

E_1: $4x - 5y - z - 14 = 0$ $\quad$ E_2: $\vec{x} = \begin{pmatrix}5\\3\\2\end{pmatrix} + r\begin{pmatrix}2\\1\\3\end{pmatrix} + s\begin{pmatrix}5\\4\\0\end{pmatrix}$ $\quad$ E_3: $\vec{x} = \begin{pmatrix}2\\0\\3\end{pmatrix} + r\begin{pmatrix}4\\-5\\-4\end{pmatrix} + s\begin{pmatrix}1\\1\\-1\end{pmatrix}$

***34** Geben Sie eine Gleichung einer Ebene E_1 an, welche die Ebene F: $x + 2y - z + 4 = 0$ schneidet, sowie die Gleichung einer Ebene E_2, die zu F echt parallel ist. Geben Sie für den ersten Fall eine Gleichung der Schnittgeraden an.

***35** Bestimmen Sie die Lagebeziehung der beiden Ebenen E_1: $x + y + 3z = 0$ und E_2: $x + z = 0$.

***36** Lösen Sie mit dem gaußschen Eliminierungsverfahren folgende lineare Gleichungssysteme und geben Sie jeweils eine geometrische Interpretation.

a) $\begin{aligned} x + 2y + 2z &= 8 \\ 3y + z &= 6 \end{aligned}$ $\quad$ b) $\begin{aligned} x + 5z &= 5 \\ y + 2z &= 6 \end{aligned}$

***37** Lösen Sie folgende lineare Gleichungssysteme und geben Sie eine geometrische Interpretation.

a) $\begin{aligned} 2x + 3y - 2z &= 12 \\ 2x + 3z &= 6 \\ x &= 0 \end{aligned}$ $\quad$ b) $\begin{aligned} \tfrac{3}{4}x + 3y - z &= 6 \\ \tfrac{3}{4}x - z &= 3 \\ z &= -3 \end{aligned}$

***38** Kreuzen Sie jeweils die richtige Antwort an.

a) Die Ebenen mit den Gleichungen $3x + 2y - 4z = 1$ und $3x + 2y - 4z = 5$

① schneiden einander im Punkt P(1;5)

② sind identisch

③ haben den Abstand 4

④ sind parallel

⑤ schneiden einander in der Geraden $3x + 2y = 4$

b) Die Ebene mit der Gleichung $x + y + 2z = 2$ hat die Schnittpunkte mit den Koordinatenachsen:

① $S_x(2; 0; 0)$, $S_y(0; 2; 0)$, $S_z(0; 0; 1)$

② $S_x(2; 0; 0)$, $S_y(0; 2; 0)$, $S_z(0; 0; 2)$

③ $S_x(1; 0; 0)$, $S_y(0; 1; 0)$, $S_z(0; 0; 2)$

④ $S_x(1; 0; 0)$, $S_y(0; 1; 0)$, $S_z(0; 0; 1 \} 2)$

⑤ $S_x\left(\frac{1}{2}; 0; 0\right)$, $S_y\left(0; \frac{1}{2}; 0\right)$, $S_z(0; 0; 1)$

c) Eine Ebene mit der Gleichung $\vec{x} = \vec{x}_0 + t\vec{a} + s\vec{b}$ hat den Normalenvektor

① $\vec{n} = \vec{a} \cdot \vec{b}$

② $\vec{n} = \vec{a} \times \vec{b}$

③ $\vec{n} = \vec{a} + \vec{b}$

④ $\vec{n} = \frac{\vec{a} \times \vec{b}}{2}$

⑤ $\vec{n} = \vec{x}_0 + 1 \cdot \vec{a} + 1 \cdot \vec{b}$

D Winkel und Abstände

1 Schnittwinkel zwischen Geraden und Ebenen

1.1 Skalarprodukt von Vektoren

Das Skalarprodukt zweier Vektoren $\vec{a}$ und $\vec{b}$ ist eine reelle Zahl. Für zwei Vektoren $\vec{a}$ und $\vec{b}$ gilt:

$\vec{a} \cdot \vec{b} =$ ____

Sind $\vec{a}$ und $\vec{b}$ durch ihre Koordinaten gegeben, so schreibt man:

$\vec{a} \cdot \vec{b} = \begin{pmatrix} a_x \\ a_y \end{pmatrix} \cdot \begin{pmatrix} b_x \\ b_y \end{pmatrix} =$ ____ + ____ bzw. $\begin{pmatrix} a_x \\ a_y \\ a_z \end{pmatrix} \cdot \begin{pmatrix} b_x \\ b_y \\ b_z \end{pmatrix} =$ ____ + ____ + ____

Für den von zwei Vektoren eingeschlossenen Winkel gilt:

$\cos \sphericalangle(\vec{a}, \vec{b}) =$ ____

1 Das Skalarprodukt zweier Vektoren $\vec{a}$ und $\vec{b}$ ist in Abhängigkeit vom eingeschlossenen Winkel $\alpha = \sphericalangle(\vec{a}, \vec{b})$ positiv, null oder negativ. Setzen Sie in der Tabelle das entsprechende Relationszeichen.

	① $\alpha = 0°$ $\cos\alpha = 1$	② $0° < \alpha < 90°$ $\cos\alpha > 0$	③ $\alpha = 90°$ $\cos\alpha = 0$	④ $90° < \alpha < 180°$ $\cos\alpha < 0$	⑤ $\alpha = 180°$ $\cos\alpha = -1$
$\vec{a} \neq \vec{o}$ und $\vec{b} \neq \vec{o}$	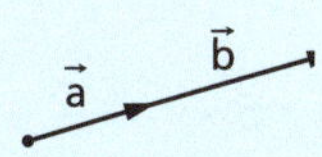 $\vec{a} \cdot \vec{b} = \lvert\vec{a} \cdot \vec{b}\rvert$ ☐ 0	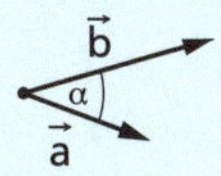 $\vec{a} \cdot \vec{b}$ ☐ 0	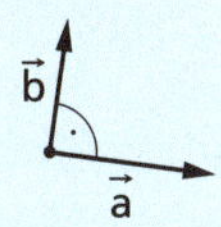 $\vec{a} \cdot \vec{b}$ ☐ 0	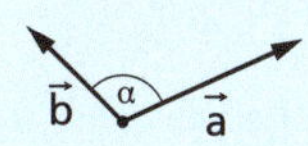 $\vec{a} \cdot \vec{b}$ ☐ 0	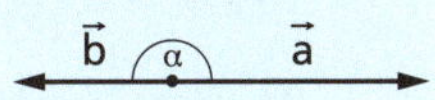 $\vec{a} \cdot \vec{b} = -\lvert\vec{a} \cdot \vec{b}\rvert$ ☐ 0

2 Zwei Vektoren $\vec{a}$ und $\vec{b}$ besitzen die Beträge $|\vec{a}| = 4$ bzw. $|\vec{b}| = \sqrt{3}$ und schließen einen Winkel von 60° ein. Berechnen Sie das Skalarprodukt dieser beiden Vektoren.

$\vec{a} \cdot \vec{b} = |\vec{a}| \cdot |\vec{b}| \cdot \cos \sphericalangle(\vec{a}, \vec{b}) =$ ____ $=$ ____

3 Berechnen Sie das Skalarprodukt der folgenden Vektoren:

a) $\vec{a} = \begin{pmatrix} 1 \\ 2 \end{pmatrix}$, $\vec{b} = \begin{pmatrix} 3 \\ 2 \end{pmatrix}$ $\quad \vec{a} \cdot \vec{b} =$ ____ + ____ = ____

b) $\vec{u} = \begin{pmatrix} -2 \\ 3 \end{pmatrix}$, $\vec{v} = \begin{pmatrix} -1 \\ 4 \end{pmatrix}$ $\quad \vec{u} \cdot \vec{v} =$ ____

c) $\vec{p} = \begin{pmatrix} 1 \\ 3 \\ 2 \end{pmatrix}$, $\vec{q} = \begin{pmatrix} -2 \\ 1 \\ 0 \end{pmatrix}$ $\quad \vec{p} \cdot \vec{q} =$ ____ + ____ + ____ = ____

d) $\vec{r} = \begin{pmatrix} 2 \\ -3 \\ -1 \end{pmatrix}$, $\vec{v} = \begin{pmatrix} -3 \\ 2 \\ 0 \end{pmatrix}$, $\quad \vec{r} \cdot \vec{v} =$ ____

e) $\vec{f} = \begin{pmatrix} 7 \\ -3 \\ 5 \end{pmatrix}$, $\vec{k} = \begin{pmatrix} 0 \\ 0 \\ -2 \end{pmatrix}$ $\quad \vec{f} \cdot \vec{k} =$ ____

4 Gegeben seien die Punkte A(2; –1; 4), B(2; 2; –3), C(0; 1; 2) und D(2; –3; 1). Berechnen Sie:

a) $\overrightarrow{AB} \cdot \overrightarrow{BC} = \begin{pmatrix} \; \\ \; \\ \; \end{pmatrix} \cdot \begin{pmatrix} \; \\ \; \\ \; \end{pmatrix} =$ ____

b) $\overrightarrow{AC} \cdot \overrightarrow{BD} = \begin{pmatrix} \; \\ \; \\ \; \end{pmatrix} \cdot \begin{pmatrix} \; \\ \; \\ \; \end{pmatrix} =$ ____

c) $\overrightarrow{DA} \cdot \overrightarrow{BD} = \begin{pmatrix} \; \\ \; \\ \; \end{pmatrix} \cdot \begin{pmatrix} \; \\ \; \\ \; \end{pmatrix} =$ ____

d) $\overrightarrow{BC} \cdot \overrightarrow{BD} = \begin{pmatrix} \; \\ \; \\ \; \end{pmatrix} \cdot \begin{pmatrix} \; \\ \; \\ \; \end{pmatrix} =$ ____

e) $\overrightarrow{CD} \cdot \overrightarrow{DB} = \begin{pmatrix} \; \\ \; \\ \; \end{pmatrix} \cdot \begin{pmatrix} \; \\ \; \\ \; \end{pmatrix} =$ ____

f) $\overrightarrow{CD} \cdot \overrightarrow{AD} = \begin{pmatrix} \; \\ \; \\ \; \end{pmatrix} \cdot \begin{pmatrix} \; \\ \; \\ \; \end{pmatrix} =$ ____

5 Von zwei Vektoren $\vec{a}$ und $\vec{b}$ ist $\vec{a}^2 = 9$, $\vec{b}^2 = 16$ und $\vec{a} \cdot \vec{b} = -6$ bekannt.
Berechnen Sie den Winkel α, den $\vec{a}$ und $\vec{b}$ einschließen.

Mit $|\vec{a}| =$ ______ und $|\vec{b}| =$ ______ folgt $\cos \sphericalangle(\vec{a}, \vec{b}) =$ ______ $=$ ______, also $\sphericalangle(\vec{a}, \vec{b})$ ______.

6 Ein Segelboot wird so gesteuert, dass der Wind in einem Winkel von 20° zur Fahrtrichtung einfällt.
Der Wind übt auf das Segel eine Kraft von $\vec{F} = 2{,}1$ kN aus.
Wie groß ist die nach einer Fahrstrecke von $\vec{s} = 10$ km am Boot verrichtete Arbeit?

Für die verrichtete Arbeit gilt: $W = \vec{F} \cdot \vec{s} =$ ______ $=$ ______ Nm.

7 Berechnen Sie den Winkel α, den die Vektoren $\vec{a}$ und $\vec{b}$ einschließen.

		$\lvert\vec{a}\rvert$	$\lvert\vec{b}\rvert$	$\vec{a} \cdot \vec{b}$	$\cos\alpha$	α
a)	$\vec{a} = \begin{pmatrix} 4 \\ 0 \end{pmatrix}$, $\vec{b} = \begin{pmatrix} 4 \\ 4\sqrt{3} \end{pmatrix}$					
b)	$\vec{a} = \begin{pmatrix} 2 \\ 2\sqrt{3} \end{pmatrix}$, $\vec{b} = \begin{pmatrix} 4 \\ -4\sqrt{3} \end{pmatrix}$					
c)	$\vec{a} = \begin{pmatrix} \sqrt{5} \\ -2 \\ 4 \end{pmatrix}$ $\vec{b} = \begin{pmatrix} \sqrt{6} \\ 3 \\ 1 \end{pmatrix}$					
d)	$\vec{a} = \begin{pmatrix} 1 \\ 3 \\ -2 \end{pmatrix}$ $\vec{b} = \begin{pmatrix} -2\sqrt{2} \\ -6\sqrt{2} \\ 4\sqrt{2} \end{pmatrix}$					
e)	$\vec{a} = \begin{pmatrix} 2 \\ 2\sqrt{3} \end{pmatrix}$ $\vec{b} = \begin{pmatrix} -4\sqrt{3} \\ -4 \end{pmatrix}$					
f)	$\vec{a} = \begin{pmatrix} 7 \\ 1 \\ -3 \end{pmatrix}$ $\vec{b} = \begin{pmatrix} 3 \\ -1 \\ 5 \end{pmatrix}$					

8 Berechnen Sie die Innenwinkel des Dreiecks mit den Eckpunkten A, B und C.

		$\overrightarrow{AB}$	$\overrightarrow{AC}$	$\overrightarrow{BC}$	$\cos \sphericalangle CAB$	$\sphericalangle CAB$	$\cos \sphericalangle BCA$	$\sphericalangle BCA$	$\sphericalangle ABC$
a)	A(2; 3), B(6; 1), C(3; 6)	( )	( )	( )	≈ −0,1414				
b)	A(1; 0; 1), B(7; 4; 3), C(−3; 2; 3)	( )	( )	( )				43,89°	
c)	A(1; 1; 0), B(5; 8; 2), C(2; 6; 4)	( )	( )	( )					50,0°

9 Wie muss t jeweils gewählt werden, damit die angegebene Gleichung erfüllt ist.

a) $\begin{pmatrix} t \\ 2 \\ 4 \end{pmatrix} \cdot \begin{pmatrix} 2t \\ 1 \\ t \end{pmatrix} = 0$ b) $\begin{pmatrix} 1 \\ 2 \\ 1 \end{pmatrix} \cdot \begin{pmatrix} -t \\ 2t \\ t \end{pmatrix} = 1$ c) $\begin{pmatrix} 2 \\ 1 \\ t \end{pmatrix} \cdot \begin{pmatrix} t \\ -2 \\ 1 \end{pmatrix} = 7$

d) $\begin{pmatrix} 3 \\ -t \\ 1 \end{pmatrix} \cdot \begin{pmatrix} t \\ -2t \\ 1 \end{pmatrix} = 0$ e) $\begin{pmatrix} t \\ 3 \\ 3t \end{pmatrix}^2 = 1$ f) $\begin{pmatrix} 3 \\ t \\ t \end{pmatrix}^2 = \begin{pmatrix} -1 \\ t-2 \\ 2t \end{pmatrix}^2$

10 Berechnen Sie den Winkel zwischen den Strecken $\overline{AK}$ und $\overline{KC}$ in dem nebenstehend skizzierten Behälter.
$|\overline{AG}| = 250$ mm, $|\overline{GK}| = 300$ mm, $|\overline{KI}| = 520$ mm,
$|\overline{BL}| = 70$ mm, $|\overline{LE}| = 150$ mm

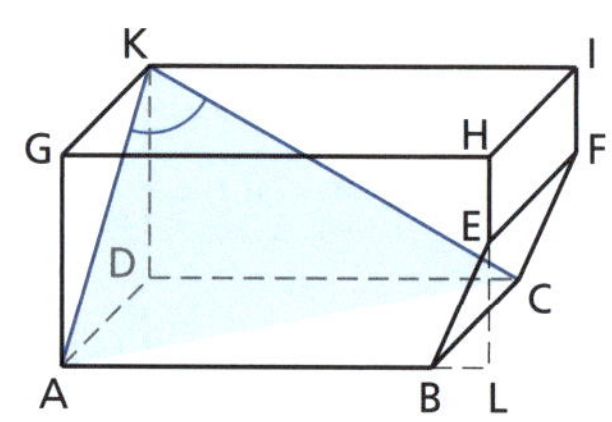

11 Kreuzen Sie jeweils die richtige Antwort an.

a) Die Vektoren $\vec{a} = \begin{pmatrix} 3 \\ 2 \\ 6 \end{pmatrix}$ und $\vec{b} = \begin{pmatrix} -4 \\ 6 \\ 0 \end{pmatrix}$

① schließen einen Winkel von 45° ein

② sind zueinander entgegengesetzt

③ sind zueinander parallel

④ sind zueinander senkrecht

⑤ sind identisch

b) Wenn die Vektoren $\vec{a} = \begin{pmatrix} 5 \\ a \\ b \end{pmatrix}$ und $\vec{b} = \begin{pmatrix} 2 \\ 2 \\ -1 \end{pmatrix}$ zueinander senkrecht sind, gilt:

① $a = 4$ und $b = -2$

② $a = -4$ und $b = 2$

③ $a = 0$ und $b = 0$

④ $a = 2$ und $b = -4$

⑤ $a = 8$ und $b = 0$

c) Sind $\vec{a}$ und $\vec{b}$ zwei vom Nullvektor verschiedene Vektoren, so gilt für den von ihnen eingeschlossenen Winkel:

① $\sin(\vec{a}, \vec{b}) = \frac{\vec{a} \cdot \vec{b}}{|\vec{a}| \cdot |\vec{b}|}$

② $\cos(\vec{a}, \vec{b}) = \frac{\vec{a} \cdot \vec{b}}{|\vec{a}| \cdot |\vec{b}|}$

③ $\cos(\vec{a}, \vec{b}) = \frac{\vec{a} \cdot \vec{b}}{|\vec{a}| \cdot |\vec{b}|}$

④ $\cos(\vec{a}, \vec{b}) = \frac{\vec{a} \cdot \vec{b}}{1 - \tan(\vec{a}, \vec{b})}$

⑤ $\sin(\vec{a}, \vec{b}) = \frac{\vec{a} - \vec{b}}{|\vec{a}| - |\vec{b}|}$

12 Beweisen Sie, dass im Rhombus (einem Parallelogramm mit vier gleich langen Seiten) die Diagonalen senkrecht aufeinander stehen.

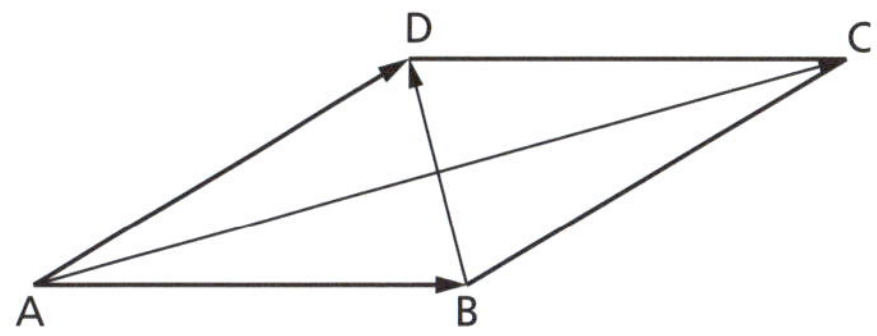

Es ist zu zeigen:

Beweis:

13 Beweisen Sie, dass die Höhen eines Dreiecks einander in einem Punkt schneiden.

14 Beweisen Sie, dass ein Parallelogramm genau dann ein Rechteck ist, wenn die Diagonalen gleich lang sind.

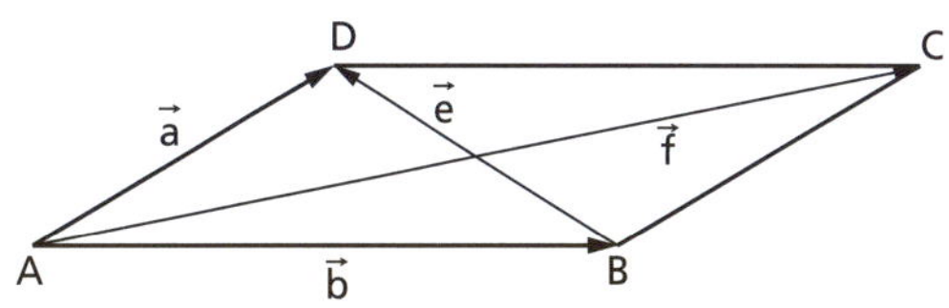

15 Beweisen Sie für ein rechtwinkliges Dreieck

a) den Satz des Pythagoras;

b) den Höhensatz;

c) den Kathetensatz.

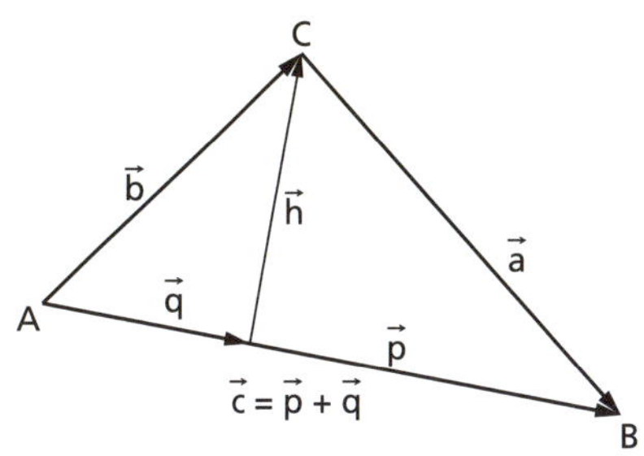

1.2 Orthogonalität von Geraden und Ebenen

16 Berechnen Sie das Skalarprodukt der Vektoren $\vec{a}$ und $\vec{b}$ sowie den von $\vec{a}$ und $\vec{b}$ eingeschlossenen Winkel.

$\vec{a}$	$\vec{b}$	$\vec{a} \cdot \vec{b}$	$\sphericalangle(\vec{a}, \vec{b})$
$\begin{pmatrix}2\\1\end{pmatrix}$	$\begin{pmatrix}5\\6\end{pmatrix}$		
$\begin{pmatrix}2\\-5\end{pmatrix}$	$\begin{pmatrix}15\\6\end{pmatrix}$		
$\begin{pmatrix}-1\\-1\\2\end{pmatrix}$	$\begin{pmatrix}-3\\1\\2\end{pmatrix}$		
$\begin{pmatrix}3\\1\\2\end{pmatrix}$	$\begin{pmatrix}-1\\-1\\2\end{pmatrix}$		

Allgemein gilt:
Zwei Vektoren $\vec{a}$ und $\vec{b}$ $(\vec{a}, \vec{b} \neq \vec{o})$ sind zueinander orthogonal, wenn ______.

17 Kreuzen Sie die Vektorenpaare an, die zueinander orthogonal sind.

	$\begin{pmatrix}-4\\-7\end{pmatrix}$	$\begin{pmatrix}-7\\4\end{pmatrix}$	$\begin{pmatrix}7\\-4\end{pmatrix}$
$\begin{pmatrix}4\\7\end{pmatrix}$			
$\begin{pmatrix}1{,}4\\-0{,}8\end{pmatrix}$			
$\begin{pmatrix}-14\\8\end{pmatrix}$			

	$\begin{pmatrix}-3\\5\\6\end{pmatrix}$	$\begin{pmatrix}1\\0\\2\end{pmatrix}$	$\begin{pmatrix}1\\3\\-2\end{pmatrix}$
$\begin{pmatrix}2\\0\\1\end{pmatrix}$			
$\begin{pmatrix}-1\\2\\0{,}5\end{pmatrix}$			
$\begin{pmatrix}7\\-3\\1\end{pmatrix}$			

18 Bestimmen Sie zu dem Vektor $\vec{a}$ einen Vektor $\vec{b}$, der senkrecht zu $\vec{a}$ verläuft.

a) $\vec{a} = \begin{pmatrix}1\\2\end{pmatrix}$ b) $\vec{a} = \begin{pmatrix}0\\-1\end{pmatrix}$ c) $\vec{a} = \begin{pmatrix}1\\-2\\3\end{pmatrix}$ d) $\vec{a} = \begin{pmatrix}3\\-\sqrt{5}\\1\end{pmatrix}$ e) $\vec{a} = \begin{pmatrix}\sqrt{3}\\2\\\sqrt{3}\end{pmatrix}$

19 Bestimmen Sie die Koordinaten eines Punktes C so, dass $\overrightarrow{AB}$ und $\overrightarrow{AC}$ zueinander orthogonal sind.

a) A(2; 2; 1), B(3; 3; 2) b) A(–3; 2; 5), B(8; 2; –5) c) A(7; –4; 1), B(9; –1; 3)

20 Bestimmen Sie die Koordinaten eines Punktes C so, dass das Dreieck ABC bei C rechtwinklig ist.

a) A(0; 0; 1), B(3; 3; –1) b) A(–2; 3; 1), B(2; –1; 0) c) A(2; 2; 0), B(–1; –3; 2)

21 Bestimmen Sie zu jeder der angegebenen Geraden in der Ebene einen Normalenvektor $\vec{n}$.
(Der Vektor $\vec{a}$ sei ein Richtungsvektor der Geraden.)
Hinweis: Ein Normalenvektor einer Geraden ist zu dieser orthogonal.

a) g: $5x - 2y + 3 = 0$ $\vec{a} = \begin{pmatrix} \\ \end{pmatrix}$, $\vec{n} = \begin{pmatrix} \\ \end{pmatrix}$ b) g: $-x + \frac{1}{2}y - 1 = 0$ $\vec{a} = \begin{pmatrix} \\ \end{pmatrix}$, $\vec{n} = \begin{pmatrix} \\ \end{pmatrix}$

c) g: $y = -2x - 6$ $\vec{a} = \begin{pmatrix} \\ \end{pmatrix}$, $\vec{n} = \begin{pmatrix} \\ \end{pmatrix}$ d) g: $y = -\frac{1}{3}x - 2$ $\vec{a} = \begin{pmatrix} \\ \end{pmatrix}$, $\vec{n} = \begin{pmatrix} \\ \end{pmatrix}$

e) g: $y = 7$ $\vec{a} = \begin{pmatrix} \\ \end{pmatrix}$, $\vec{n} = \begin{pmatrix} \\ \end{pmatrix}$ f) g: $x = -3$ $\vec{a} = \begin{pmatrix} \\ \end{pmatrix}$, $\vec{n} = \begin{pmatrix} \\ \end{pmatrix}$

g) g: $\vec{x} = \begin{pmatrix}2\\1\end{pmatrix} + t\begin{pmatrix}5\\-1\end{pmatrix}$ $\vec{a} = \begin{pmatrix} \\ \end{pmatrix}$, $\vec{n} = \begin{pmatrix} \\ \end{pmatrix}$ h) g: $\vec{x} = \begin{pmatrix}2\\0{,}5\end{pmatrix} + t\begin{pmatrix}-1\\-3\end{pmatrix}$ $\vec{a} = \begin{pmatrix} \\ \end{pmatrix}$, $\vec{n} = \begin{pmatrix} \\ \end{pmatrix}$

i) g: $\vec{x} = \begin{pmatrix}0\\1\end{pmatrix} + t\begin{pmatrix}-1\\0\end{pmatrix}$ $\vec{a} = \begin{pmatrix} \\ \end{pmatrix}$, $\vec{n} = \begin{pmatrix} \\ \end{pmatrix}$ k) g: $\vec{x} = \begin{pmatrix}0{,}2\\0{,}3\end{pmatrix} + t\begin{pmatrix}0{,}4\\1{,}2\end{pmatrix}$ $\vec{a} = \begin{pmatrix} \\ \end{pmatrix}$, $\vec{n} = \begin{pmatrix} \\ \end{pmatrix}$

22 Geben Sie zu jeder der in Aufgabe 21 gegeben Geraden g eine vektorielle Gleichung einer Geraden h an, die orthogonal zu g verläuft.

a) h: $\vec{x} = \begin{pmatrix} \\ \\ \end{pmatrix} + s\begin{pmatrix} \\ \\ \end{pmatrix}$ b) h: $\vec{x} = \begin{pmatrix} \\ \\ \end{pmatrix} + s\begin{pmatrix} \\ \\ \end{pmatrix}$ c) h: $\vec{x} = \begin{pmatrix} \\ \\ \end{pmatrix} + s\begin{pmatrix} \\ \\ \end{pmatrix}$

d) h: $\vec{x} = \begin{pmatrix} \\ \\ \end{pmatrix} + s\begin{pmatrix} \\ \\ \end{pmatrix}$ e) h: $\vec{x} = \begin{pmatrix} \\ \\ \end{pmatrix} + s\begin{pmatrix} \\ \\ \end{pmatrix}$ f) h: $\vec{x} = \begin{pmatrix} \\ \\ \end{pmatrix} + s\begin{pmatrix} \\ \\ \end{pmatrix}$

g) h: $\vec{x} = \begin{pmatrix} \\ \\ \end{pmatrix} + s\begin{pmatrix} \\ \\ \end{pmatrix}$ h) h: $\vec{x} = \begin{pmatrix} \\ \\ \end{pmatrix} + s\begin{pmatrix} \\ \\ \end{pmatrix}$ i) h: $\vec{x} = \begin{pmatrix} \\ \\ \end{pmatrix} + s\begin{pmatrix} \\ \\ \end{pmatrix}$

k) h: $\vec{x} = \begin{pmatrix} \\ \\ \end{pmatrix} + s\begin{pmatrix} \\ \\ \end{pmatrix}$

23 Gegeben sei eine Ebene E im Raum durch den Punkt P und die Richtungsvektoren $\vec{a}$ und $\vec{b}$.
Senkrecht zur Ebene E verlaufe eine Gerade g durch den Punkt P.
Geben Sie für diese Gerade jeweils eine Gleichung an.

a) P(2; 2; 2), $\vec{a} = \begin{pmatrix} 2 \\ 1 \\ 0 \end{pmatrix}$, $\vec{b} = \begin{pmatrix} -2 \\ 2 \\ 2 \end{pmatrix}$ g: $\vec{x} = \begin{pmatrix} \\ \\ \end{pmatrix} + s\begin{pmatrix} \\ \\ \end{pmatrix}$

b) P(–1; –1; 2), $\vec{a} = \begin{pmatrix} -6 \\ -4 \\ 0 \end{pmatrix}$, $\vec{b} = \begin{pmatrix} -3 \\ 0 \\ -2 \end{pmatrix}$ g: $\vec{x} = \begin{pmatrix} \\ \\ \end{pmatrix} + s\begin{pmatrix} \\ \\ \end{pmatrix}$

c) P(0; 0; 0), $\vec{a} = \begin{pmatrix} 1 \\ 0 \\ 2 \end{pmatrix}$, $\vec{b} = \begin{pmatrix} 2 \\ 2 \\ 2 \end{pmatrix}$ g: $\vec{x} = \begin{pmatrix} \\ \\ \end{pmatrix} + s\begin{pmatrix} \\ \\ \end{pmatrix}$

Der Vektor $\vec{a} \times \vec{b} = \begin{pmatrix} a_y b_z - a_z b_y \\ a_z b_x - a_x b_z \\ a_x b_y - a_y b_x \end{pmatrix}$ heißt **Vektorprodukt** von $\vec{a}$ und $\vec{b}$.

Der Vektor $\vec{a} \times \vec{b}$ steht senkrecht zu $\vec{a}$ und zu $\vec{b}$.

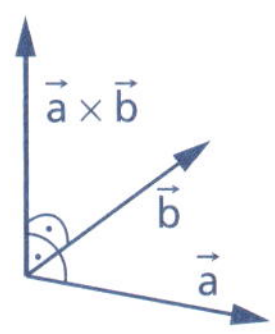

***24** Gesucht ist ein Vektor $\vec{c}$, der zu den beiden Vektoren $\vec{a} = \begin{pmatrix} 1 \\ 2 \\ 3 \end{pmatrix}$ und $\vec{b} = \begin{pmatrix} -2 \\ -3 \\ 4 \end{pmatrix}$ senkrecht steht.

$\vec{c} = \begin{pmatrix} 1 \\ 2 \\ 3 \end{pmatrix} \times \begin{pmatrix} -2 \\ -3 \\ 4 \end{pmatrix} = \begin{pmatrix} 2 \cdot 4 - 3 \cdot (-3) \\ \\ \end{pmatrix} = \begin{pmatrix} 17 \\ \\ \end{pmatrix}$

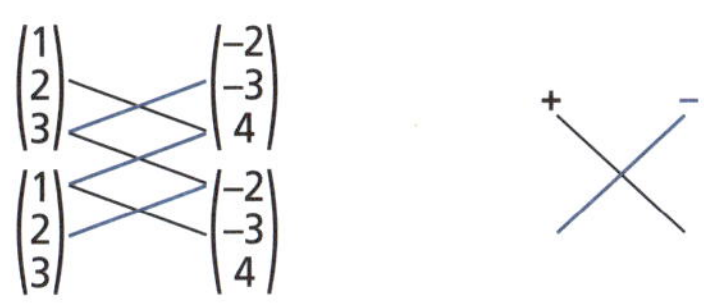

Rechenschema

***25** Berechnen Sie das Vektorprodukt der beiden Vektoren $\vec{a}$ und $\vec{b}$.

a) $\vec{a} = \begin{pmatrix} 1 \\ -7 \\ 3 \end{pmatrix}$, $\vec{b} = \begin{pmatrix} 2 \\ 2 \\ -1 \end{pmatrix}$ $\vec{a} \times \vec{b} = \begin{pmatrix} \\ \\ \end{pmatrix} = \begin{pmatrix} \\ \\ \end{pmatrix}$

b) $\vec{a} = \begin{pmatrix} 2 \\ 1 \\ 0 \end{pmatrix}$, $\vec{b} = \begin{pmatrix} -3 \\ 1 \\ 0 \end{pmatrix}$ $\vec{a} \times \vec{b} = \begin{pmatrix} \\ \\ \end{pmatrix} = \begin{pmatrix} \\ \\ \end{pmatrix}$

c) $\vec{a} = \begin{pmatrix} -3 \\ 1 \\ 0 \end{pmatrix}$, $\vec{b} = \begin{pmatrix} 2 \\ 1 \\ 0 \end{pmatrix}$ $\vec{a} \times \vec{b} = \begin{pmatrix} \\ \\ \end{pmatrix} = \begin{pmatrix} \\ \\ \end{pmatrix}$

d) $\vec{a} = \begin{pmatrix} -3 \\ -2 \\ 1 \end{pmatrix}$, $\vec{b} = \begin{pmatrix} 6 \\ 4 \\ -2 \end{pmatrix}$ $\vec{a} \times \vec{b} = \begin{pmatrix} \\ \\ \end{pmatrix} = \begin{pmatrix} \\ \\ \end{pmatrix}$

***26** Ermitteln Sie zu den folgenden Ebenen jeweils einen Normalenvektor $\vec{n}$.

a) E: $\vec{x} = \begin{pmatrix} 3 \\ -4 \\ 2 \end{pmatrix} + r\begin{pmatrix} -2 \\ 2 \\ 1 \end{pmatrix} + s\begin{pmatrix} 2 \\ 1 \\ 3 \end{pmatrix}$; $\vec{n} = \begin{pmatrix} \\ \\ \end{pmatrix}$

b) E: $\vec{x} = \begin{pmatrix} 1 \\ 1 \\ 1 \end{pmatrix} + r\begin{pmatrix} 5 \\ -3 \\ 1 \end{pmatrix} + s\begin{pmatrix} 0 \\ 1 \\ 0 \end{pmatrix}$; $\vec{n} = \begin{pmatrix} \\ \\ \end{pmatrix}$

c) E: A, B, C ∈ E mit
A(2; 2; 1), B(3; 0; 4); C(4; 1; 2); $\vec{n} = \begin{pmatrix} \\ \\ \end{pmatrix}$

d) E: A, B, C ∈ E mit
A(–3; –2; 1), B(2; 2; 2); C(3; –5; 5); $\vec{n} = \begin{pmatrix} \\ \\ \end{pmatrix}$

e) E: $\vec{x} = \begin{pmatrix} 2 \\ -3 \\ 2 \end{pmatrix} + r\left[\begin{pmatrix} -3 \\ 1 \\ -2 \end{pmatrix} - \begin{pmatrix} 2 \\ -3 \\ 2 \end{pmatrix}\right] + s\left[\begin{pmatrix} 2 \\ -1 \\ -1 \end{pmatrix} - \begin{pmatrix} 2 \\ -3 \\ 2 \end{pmatrix}\right]$; $\vec{n} = \begin{pmatrix} \\ \\ \end{pmatrix}$

f) E: $2x - 3y + z = 0$; $\vec{n} = \begin{pmatrix} \\ \\ \end{pmatrix}$

1.3 Schnittwinkelberechnungen

Sind $\vec{a}$ und $\vec{b}$ Richtungsvektoren zweier einander schneidender Geraden g_1 und g_2, dann gilt für den Schnittwinkel:

$\cos\sphericalangle(g_1, g_2) = |\cos\sphericalangle(\vec{a}, \vec{b})| = |\qquad|$

27 Bestimmen Sie den Schnittwinkel der Geraden g und h.
Prüfen Sie vorher, ob g und h einander schneiden.

		$\vec{a}$	$\vec{b}$	$g \nparallel h$	$\cos\sphericalangle(\vec{a}, \vec{b})$	$\sphericalangle(g, h)$
a)	$g: \vec{x} = \begin{pmatrix}1\\0\end{pmatrix} + r\begin{pmatrix}4\\1\end{pmatrix}$; $h: \vec{x} = \begin{pmatrix}1\\1\end{pmatrix} + s\begin{pmatrix}-6\\3\end{pmatrix}$					
b)	$g: \vec{x} = \begin{pmatrix}2\\-1\\0\end{pmatrix} + r\begin{pmatrix}-4\\3\\2\end{pmatrix}$; $h: \vec{x} = \begin{pmatrix}3\\5\\2\end{pmatrix} + t\begin{pmatrix}2\\4\\-1\end{pmatrix}$					
c)	$g: \vec{x} = \begin{pmatrix}2\\-1\\1\end{pmatrix} + r\begin{pmatrix}-4\\3\\2\end{pmatrix}$; $h: \vec{x} = \begin{pmatrix}3\\5\\2\end{pmatrix} + t\begin{pmatrix}4\\-3\\-2\end{pmatrix}$					
d)	$g: \vec{x} = \begin{pmatrix}1\\1\\0\end{pmatrix} + r\begin{pmatrix}-4\\3\\2\end{pmatrix}$ $h: \vec{x} = \begin{pmatrix}1\\2\\2\end{pmatrix} + t\begin{pmatrix}5\\3\\-1\end{pmatrix}$					

28 Bestimmen Sie jeweils den Schnittwinkel der beiden angegebenen Geraden:

a) $g: x - 3y + 2 = 0$, $h: 4x + 2y - 1 = 0$

b) $g: \vec{x} = \begin{pmatrix}-1\\-1\\-1\end{pmatrix} + t\begin{pmatrix}2\\2\\2\end{pmatrix}$, $h: \vec{x} = \begin{pmatrix}-2\\-2\\0\end{pmatrix} + t\begin{pmatrix}3\\3\\0\end{pmatrix}$

c) $g: 5x + 2y + 3 = 0$, $h: -2x + 8y + 3 = 0$

d) $g: \vec{x} = \begin{pmatrix}2\\-1\end{pmatrix} + t\begin{pmatrix}8\\4\end{pmatrix}$, $h: \vec{x} = \begin{pmatrix}1\\-1\end{pmatrix} + t\begin{pmatrix}-1\\0\end{pmatrix}$

29 Bestimmen Sie jeweils Schnittpunkt und Schnittwinkel der Geraden durch A und B bzw. C und D.

a) A(2; 1; 1), B(3; 2; 2), C(2; 7; –2), D(4; 5; 2)

b) A(3; 2; 5), B(5; 6; 3), C(4; 3; 7), D(–2; –6; 4)

c) A(3; 4; 0), B(6; –2; 3), C(4; 5; 4), D(6; 3; 8)

d) A(–4; –1; 3), B(–1; 5; 0), C(2; –3; 2), D(1; –5; 3)

30 Berechnen Sie die Innenwinkel der Dreiecke ABC.

a) A(1; 2; 3), B(2; –3; –1), C(–1; –1; 1) $\alpha \approx$ $\beta \approx$ $\gamma \approx$

b) A(6; 1; 3), B(9; 13; –1), C(2; 5; 1) $\alpha \approx$ $\beta \approx$ $\gamma \approx$

c) A(3; –2; 4), B(7; –4; 8), C(3; –3; 2) $\alpha \approx$ $\beta \approx$ $\gamma \approx$

31 Welche Winkel schließt jeweils die Gerade g durch den Ursprung und den Punkt P mit den Koordinatenachsen ein?

a) P(3; 3; 1) b) P(–4; 5; –2) c) P(4; –1; 5)

32 Bestimmen Sie den Schnittwinkel zweier Raumdiagonalen eines Würfels.

33 Gegeben sei der achsenparallele Quader ABCDEFGH mit der Ecke D im Koordinatenursprung und der gegenüberliegenden Ecke im Punkt F(4; 5; 3).
Berechnen Sie die Größe der im Bild angegebenen Winkel α, β und γ.

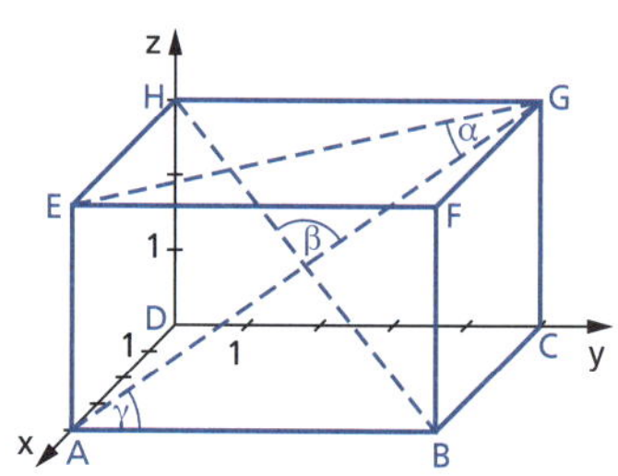

Ist $\vec{a}$ ein Richtungsvektor einer Geraden g und $\vec{n}$ ein Normalenvektor einer Ebene E, dann gilt für den Schnittwinkel zwischen g und E:

$\sin \sphericalangle(g, E) = \left| \frac{\quad}{\quad} \right|$

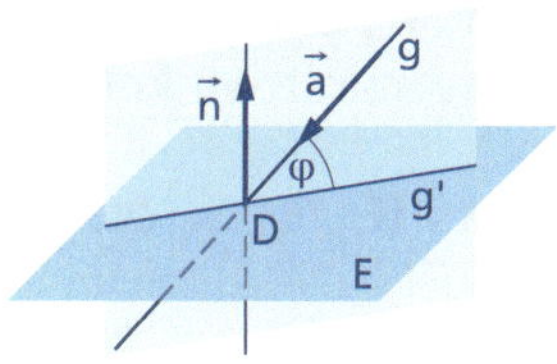

34 Berechnen Sie den Schnittwinkel zwischen der Geraden g mit $\vec{x} = \begin{pmatrix}2\\3\\1\end{pmatrix} + s\begin{pmatrix}1\\-3\\2\end{pmatrix}$ und der Ebene E mit $\vec{x} = \begin{pmatrix}2\\2\\2\end{pmatrix} + r\begin{pmatrix}4\\-3\\-1\end{pmatrix} + t\begin{pmatrix}-8\\2\\-1\end{pmatrix}$

① Ermitteln eines Normalenvektors von E

$\vec{n} \perp \begin{pmatrix}4\\-3\\-1\end{pmatrix}$, d. h. $\begin{pmatrix}n_x\\n_y\\n_z\end{pmatrix} \cdot \begin{pmatrix}4\\-3\\-1\end{pmatrix} = 0 \Rightarrow$ (I) $\qquad = 0$

$\vec{n} \perp \begin{pmatrix}-8\\2\\-1\end{pmatrix}$, d. h. $\qquad \Rightarrow$ (II) $\qquad = 0$

$n_y = \qquad$

Aus dem Gleichungssystem folgt für z. B. $n_z = 4$: $n_y = \qquad$ und $n_x = \qquad$

Normalenvektoren von E sind also $\vec{n} = \begin{pmatrix}\quad\\\quad\\\quad\end{pmatrix}$ oder auch $\vec{n} = \begin{pmatrix}\quad\\\quad\\\quad\end{pmatrix}$.

② $\sin \sphericalangle(g, E) \approx \left| \frac{\quad}{\quad} \right| \approx \qquad \Rightarrow \sphericalangle(g, E) \approx \qquad$

35 Berechnen Sie den Schnittwinkel zwischen der Geraden g mit $\vec{x} = \begin{pmatrix}1\\-1\\2\end{pmatrix} + r\begin{pmatrix}3\\1\\2\end{pmatrix}$ und einer Ebene mit

a) $\vec{n} = \begin{pmatrix}4\\-3\\5\end{pmatrix} \qquad \Rightarrow \sphericalangle(g, E) \approx \qquad$

b) $2x - 3y + 5z = 8$; $\quad \vec{n} = \begin{pmatrix}\quad\\\quad\\\quad\end{pmatrix} \Rightarrow \sphericalangle(g, E) \approx \qquad$

c) $\vec{x} = \begin{pmatrix}2\\1\\2\end{pmatrix} + s\begin{pmatrix}0\\1\\-1\end{pmatrix} + t\begin{pmatrix}1\\1\\-2\end{pmatrix}$; $\quad \vec{n} = \begin{pmatrix}\quad\\\quad\\\quad\end{pmatrix} \Rightarrow \sphericalangle(g, E) \approx \qquad$

36 Ermitteln Sie den Winkel, unter welchem die Ebene E: $2x - 3y + 5z - 8 = 0$ von den Koordinatenachsen geschnitten wird.

x-Achse: $\vec{a} = \begin{pmatrix}\quad\\\quad\\\quad\end{pmatrix}$ $\quad$ y-Achse: $\vec{a} = \begin{pmatrix}\quad\\\quad\\\quad\end{pmatrix}$ $\quad$ z-Achse: $\vec{a} = \begin{pmatrix}\quad\\\quad\\\quad\end{pmatrix}$

$\varphi \approx \qquad$ $\quad$ $\varphi \approx \qquad$ $\quad$ $\varphi \approx \qquad$

37 Bestimmen Sie den Schnittwinkel der Geraden g: $\vec{x} = \begin{pmatrix}2\\-1\\3\end{pmatrix} + s\begin{pmatrix}-1\\0\\3\end{pmatrix}$ mit den Koordinatenebenen.

xy-Ebene: $\vec{n} = \begin{pmatrix}\quad\\\quad\\\quad\end{pmatrix}$ $\quad$ xz-Ebene: $\vec{n} = \begin{pmatrix}\quad\\\quad\\\quad\end{pmatrix}$ $\quad$ yz-Ebene: $\vec{n} = \begin{pmatrix}\quad\\\quad\\\quad\end{pmatrix}$

$\varphi \approx \qquad$ $\quad$ $\varphi \approx \qquad$ $\quad$ $\varphi \approx \qquad$

Sind $\vec{n}_1$ und $\vec{n}_2$ Normalenvektoren zweier Ebenen E_1 und E_2, dann gilt für den Schnittwinkel zwischen beiden Ebenen:

$\cos \sphericalangle(E_1, E_2) = |\cos \sphericalangle(\vec{n}_1, \vec{n}_2)| = |\quad|$

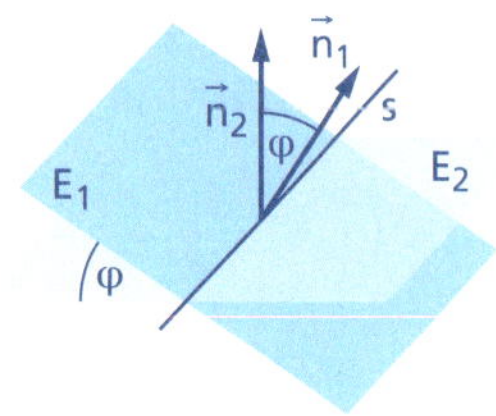

38 Gegeben seien zwei Ebenen E_1 und E_2. Bestimmen Sie jeweils ihren Schnittwinkel.

a) E_1: $2x + y + 2z - 8 = 0$, E_2: $6x - 3y + 2z - 12 = 0$ $\vec{n}_1 = \begin{pmatrix} \\ \\ \end{pmatrix}$, $\vec{n}_2 = \begin{pmatrix} \\ \\ \end{pmatrix}$ $\Rightarrow \sphericalangle(E_1, E_2) \approx$

b) E_1: $x + y + z = 0$, E_2: $\vec{x} = \begin{pmatrix} -2 \\ 0 \\ -3 \end{pmatrix} + r\begin{pmatrix} 2 \\ 0 \\ -2 \end{pmatrix} + s\begin{pmatrix} 2 \\ 1 \\ 3 \end{pmatrix}$ $\vec{n}_1 = \begin{pmatrix} \\ \\ \end{pmatrix}$, $\vec{n}_2 = \begin{pmatrix} \\ \\ \end{pmatrix}$ $\Rightarrow \sphericalangle(E_1, E_2) \approx$

c) E_1: $\vec{x} = \begin{pmatrix} 1 \\ -2 \\ 2 \end{pmatrix} + u\begin{pmatrix} 1 \\ 1 \\ 2 \end{pmatrix} + v\begin{pmatrix} -1 \\ 1 \\ 2 \end{pmatrix}$ E_2: $3x - 2y + z - 8 = 0$ $\vec{n}_1 = \begin{pmatrix} \\ \\ \end{pmatrix}$, $\vec{n}_2 = \begin{pmatrix} \\ \\ \end{pmatrix}$ $\Rightarrow \sphericalangle(E_1, E_2) \approx$

d) E_1: $\vec{x} = \begin{pmatrix} 2 \\ -5 \\ 3 \end{pmatrix} + u\begin{pmatrix} -3 \\ 1 \\ -3 \end{pmatrix} + v\begin{pmatrix} 0 \\ 2 \\ -1 \end{pmatrix}$ E_2: $\vec{x} = \begin{pmatrix} -1 \\ 2 \\ 1 \end{pmatrix} + s\begin{pmatrix} 2 \\ 1 \\ 3 \end{pmatrix} + t\begin{pmatrix} 0 \\ 2 \\ -1 \end{pmatrix}$ $\vec{n}_1 = \begin{pmatrix} \\ \\ \end{pmatrix}$, $\vec{n}_2 = \begin{pmatrix} \\ \\ \end{pmatrix}$ $\Rightarrow \sphericalangle(E_1, E_2) \approx$

39 Durch A(6; 0; 0), B(0; 8; 0) und C(0; 0; 2) ist eine Ebene E gegeben.
Bestimmen Sie die Schnittwinkel dieser Ebene E mit den Koordinatenebenen.
Hinweis: Nutzen Sie die Achsenabschnittsgleichung von E.

① Koordinatengleichung von E: $\Rightarrow \vec{n} = \begin{pmatrix} \\ \\ \end{pmatrix}$

② Für die Koordinatenebenen gilt:

$\vec{n}_z = \begin{pmatrix} \\ \\ \end{pmatrix} \perp$ xy-Ebene $\Rightarrow \sphericalangle(E, E_{xy}) \approx$

$\vec{n}_y = \begin{pmatrix} \\ \\ \end{pmatrix} \perp$ xz-Ebene $\Rightarrow \sphericalangle(E, E_{xz}) \approx$

$\vec{n}_x = \begin{pmatrix} \\ \\ \end{pmatrix} \perp$ yz-Ebene $\Rightarrow \sphericalangle(E, E_{yz}) \approx$

40 Die Abbildung zeigt eine gerade quadratische Pyramide der Grundkantenlänge 2 und der Höhe 3.

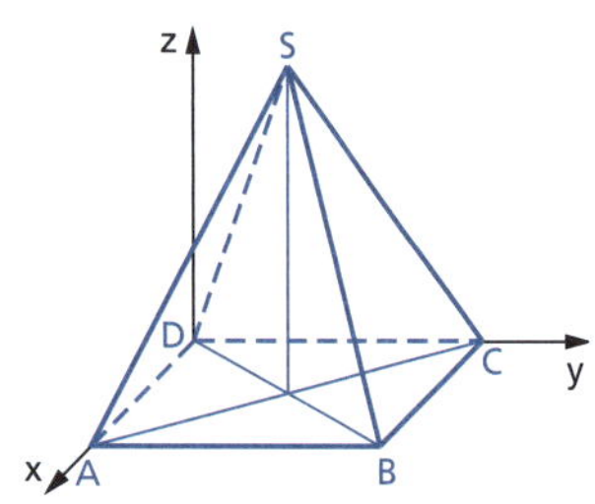

a) Berechnen Sie den Neigungswinkel der Seitenflächen gegenüber der Grundfläche.

E_{ABS}: $\vec{x} = \begin{pmatrix} \\ \\ \end{pmatrix} + s\begin{pmatrix} \\ \\ \end{pmatrix} + t\begin{pmatrix} \\ \\ \end{pmatrix} \Rightarrow \vec{n} = \begin{pmatrix} \\ \\ \end{pmatrix}$

E_{ABC}: $\vec{x} = \begin{pmatrix} \\ \\ \end{pmatrix} + s\begin{pmatrix} \\ \\ \end{pmatrix} + t\begin{pmatrix} \\ \\ \end{pmatrix} \Rightarrow \vec{n} = \begin{pmatrix} \\ \\ \end{pmatrix}$; $\varphi \approx$

b) Berechnen Sie den Winkel, den zwei benachbarte Seiten miteinander einschließen.

E_{ABS}: $\vec{x} = \begin{pmatrix} \\ \\ \end{pmatrix} + s\begin{pmatrix} \\ \\ \end{pmatrix} + t\begin{pmatrix} \\ \\ \end{pmatrix} \Rightarrow \vec{n} = \begin{pmatrix} \\ \\ \end{pmatrix}$

E_{BCS}: $\vec{x} = \begin{pmatrix} \\ \\ \end{pmatrix} + s\begin{pmatrix} \\ \\ \end{pmatrix} + t\begin{pmatrix} \\ \\ \end{pmatrix} \Rightarrow \vec{n} = \begin{pmatrix} \\ \\ \end{pmatrix}$; $\varphi \approx$

2 Abstandsberechnungen

2.1 Abstand eines Punktes von einer Geraden

Punkt und Gerade in einer Ebene

Die Berechnung des Abstandes eines Punktes P_1 von einer Geraden g in der Ebene kann in folgenden Schritten erfolgen. Ergänzen Sie die Schritte anhand nebenstehender Skizze.

1.

2.

3.

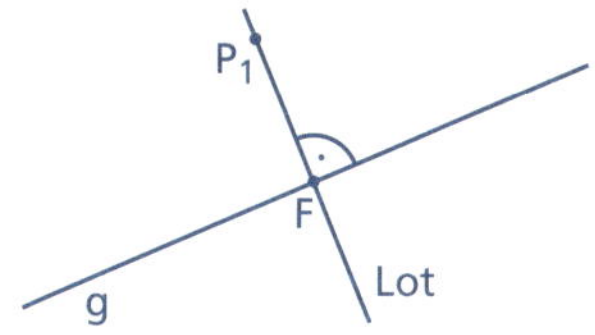

Ist $ax + by + d = 0$ die Gleichung der Geraden g, so lässt sich der Abstand eines Punktes $P_1(x_1; y_1)$ der Ebene auch nach folgender Formel berechnen:

$$d(P_1, g) = \frac{ax_1 + by_1 + d}{\sqrt{a^2 + b^2}}$$

1 Berechnen Sie den Abstand der Punkte P_1 und P_2.

a) $P_1(2; -5)$; $P_2(-3; -7)$, $|\overline{P_1P_2}| =$

b) $P_1(-2; \sqrt{3}; 3)$, $P_2(0; 0; 0)$, $|\overline{P_1P_2}| =$

2 Gegeben ist eine Gerade g mit $\vec{x} = \binom{-1}{1} + s\binom{1}{2}$ und ein Punkt P(2; –1).

a) Weisen Sie nach, dass der Punkt P nicht auf der Geraden g liegt.

$\Rightarrow s =$

$\Rightarrow s =$

b) Ermitteln Sie
- eine Gleichung einer zu g orthogonalen Geraden h, die durch den Punkt P verläuft,
  Richtungsvektor von h: Punktrichtungsgleichung:
- die Koordinaten des Schnittpunktes S von g und h
- den Abstand der Punkte P und S.
  $|\overline{PS}| = \qquad \approx \qquad$ (LE)

3 Berechnen Sie jeweils den Abstand des Punktes P von der Geraden g:

a) P(1; 2), g: $2x - 3y + 1 = 0$

b) P(–1; 6), g: $y = 4x - 1$

c) P(2; –4), g: $y = -3x + 2$

d) P(0; 0), g: $\vec{x} = \binom{5}{1} + t\binom{1}{2}$

e) P(–2; 1), g: $\vec{x} = \binom{-1}{-2} + t\binom{-3}{2}$

f) P(1; –1), g: $\vec{x} = \binom{3}{-2} + t\binom{6}{2}$

4 Berechnen Sie jeweils die Längen der Höhen der folgenden Dreiecke ABC:

a) A(–4; 1), B(5; 4), C(1; 1)

b) A(–2; –1), B(5; –2), C(1; –5)

c) A(–2; –3), B(2; 3), C(–2; 3)

5 Gegeben ist ein ebenes Viereck ABCD mit A(2; 1), B(5; 3), C(4; 6) und D(3; 7).

a) Ermitteln Sie den Schnittpunkt S der durch die Punkte A und B bzw. durch die Punkte C und D verlaufenden Geraden.

b) Berechnen Sie den Abstand des Punktes S von den Geraden AD und BC.

Punkt und Gerade im Raum

Ist der Abstand eines Punktes P von einer Geraden g im Raum zu ermitteln, kann man eine Hilfsebene verwenden, die den Punkt P enthält und zur Geraden g orthogonal ist.
Bestimmen Sie anhand der Skizze die Lösungsschritte.

1.

2.

3.

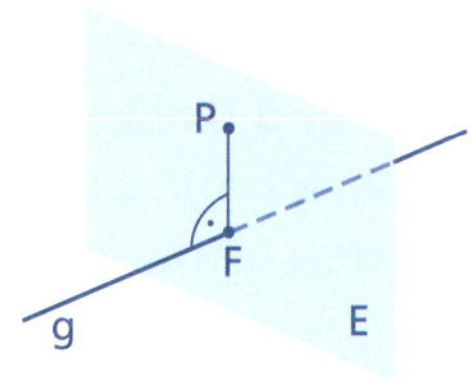

***6** Ermitteln Sie den Abstand des Punktes P(4; 3; 3) zur Geraden g mit $\vec{x} = \begin{pmatrix} 2 \\ -3 \\ 5 \end{pmatrix} + s\begin{pmatrix} 2 \\ 1 \\ -1 \end{pmatrix}$.
Wenden Sie obige Schrittfolge an.

1. Für die Hilfsebene gilt:

2. $\Rightarrow$ s = $\Rightarrow$ F(; ;)

3. Abstand: $|\overrightarrow{PF}|$ = ≈ LE

***7** Berechnen Sie jeweils den Abstand des Punktes P zur Geraden g.

	g	P	Hilfsebene E	Schnittpunkt g/E	Abstand d
a)	$\vec{x} = \begin{pmatrix} 5 \\ 0 \\ 5 \end{pmatrix} + s\begin{pmatrix} 1 \\ 1 \\ 1 \end{pmatrix}$	(2; 3; –1)			
b)	$\vec{x} = \begin{pmatrix} 7 \\ 0 \\ -1 \end{pmatrix} + s\begin{pmatrix} -2 \\ 1 \\ 2 \end{pmatrix}$	(6; 4; 5)			
c)	$\vec{x} = \begin{pmatrix} 2 \\ -2 \\ 1 \end{pmatrix} + s\begin{pmatrix} -1 \\ 1 \\ 2 \end{pmatrix}$	(–2; 1; 2)			
d)	$\vec{x} = \begin{pmatrix} -3 \\ 1 \\ 2 \end{pmatrix} + s\begin{pmatrix} 1 \\ -2 \\ -1 \end{pmatrix}$	(0; –5; –1)			

***8** Berechnen Sie die Höhen h_a, h_b und h_c in den Dreiecken ABC.

	A	B	C	h_a	h_b	h_c
a)	(–3; –1)	(4; –1)	(2; 3)			
b)	(3; 1; 2)	(3; 0; 5)	(2; –2; 1)			
c)	(2; 1; 1)	(4; 2; 2)	(4; 5; 1)			

***9** Im Quader ABCDEFGH sei A(4; 0; 0), C(0; 3; 0), D(0; 0; 0) und H(0; 0; 5).
Berechnen Sie den Abstand des Punktes B von den Geraden g_{AD}, g_{AC}, g_{EG}, g_{AG} und g_{BF}.

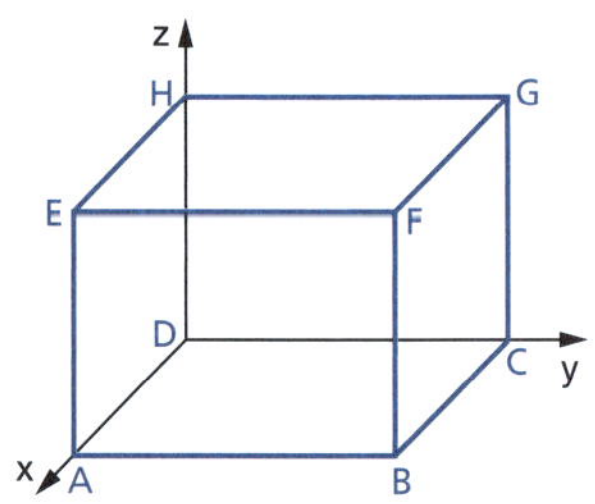

2.2 Abstand eines Punktes von einer Ebene

Die Schrittfolge zur Abstandsberechnung Punkt – Ebene entspricht der Berechnung Abstand Punkt – Gerade in der Ebene:

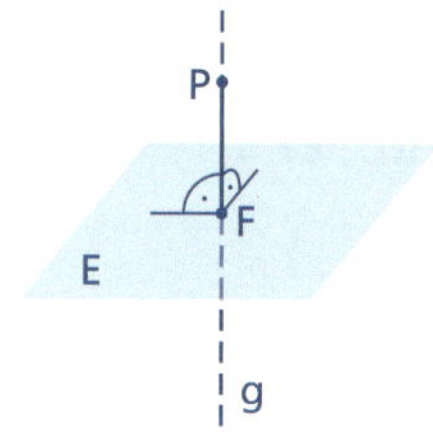

1. ___
2. ___
3. ___

Ist die Gleichung der Ebene in der Form $ax + by + cz = d$ gegeben, so gilt für den Abstand eines Punktes $P_1(x_1; y_1; z_1)$ von dieser Ebene:

$d(P_1, E) = \left|\frac{\quad}{\quad}\right|$

10 Gegeben sei eine Ebene E: $3x + 6y - 2z - 14 = 0$.
Bestimmen Sie die Abstände der Punkte A(–2; 9; 3), B(1; 2; 4), C(2; 3; 5) und D(0; 0; 0) von E.

d(A, E) = ___ d(B, E) = ___ d(C, E) = ___ d(D, E) = ___

11 Ermitteln Sie den Abstand des Punktes R(5; –2; 3) von der Ebene E: $\vec{x} = \begin{pmatrix}1\\1\\1\end{pmatrix} + s\begin{pmatrix}1\\0\\1\end{pmatrix} + t\begin{pmatrix}2\\2\\1\end{pmatrix}$.

Variante 1

Normalenvektor von E: ___ = 0
___ = 0
___ = 0 $\vec{n} = \begin{pmatrix}\ \\\ \\\ \end{pmatrix}$

Gleichung einer zu E orthogonalen Geraden g durch den Punkt R: $\vec{x} = \begin{pmatrix}\ \\\ \\\ \end{pmatrix} + r\begin{pmatrix}\ \\\ \\\ \end{pmatrix}$

Schnittpunkt von E und g: ___
___ $\Rightarrow r =$ ___ ; S(___ ; ___ ; ___)
___

Abstand der Punkte R und S: $d(R, E) = |\overrightarrow{RS}| =$ ___ = ___

Variante 2

Ermitteln einer Koordinatengleichung von E

x = ___ $\Rightarrow s =$ ___
y = ___ $\Rightarrow t =$ ___
z = ___ $\Rightarrow z =$ ___

Koordinatengleichung: ___

Einsetzen in die Abstandsformel: $d(R, E) = \left|\frac{\quad}{\quad}\right| =$ ___ $\approx$ ___

12 Gegeben seien eine Ebene E: $\vec{x} = \begin{pmatrix}1\\1\\2\end{pmatrix} + r\begin{pmatrix}2\\1\\5\end{pmatrix} + s\begin{pmatrix}-4\\0\\-6\end{pmatrix}$ und zwei Punkte $P_1(-3; -6; 11)$ und $P_2(15; 18; -1)$.
Bestimmen Sie die Abstände der Punkte P_1, P_2 von E sowie deren Entfernung $|\overline{P_1P_2}|$.
Welche Schlussfolgerung lässt sich aus diesen drei Ergebnissen ziehen?

13 Gegeben sei die Ebene E: $\vec{x} = \begin{pmatrix}3\\0\\0\end{pmatrix} + r\begin{pmatrix}3\\3\\0\end{pmatrix} + s\begin{pmatrix}3\\0\\-3\end{pmatrix}$.

Bestimmen Sie die Abstände der Punkte U(1; 3; 5); V(–2; 3; 5); W(0; 0; 0); R(3; $2\sqrt{3}$; $4\sqrt{3}$) und S(6; 2; 2) von E.

d(U, E) = ______ d(V, E) = ______ d(W, E) = ______

d(R, E) = ______ d(S, E) = ______

14 Gegeben seien eine Ebene E: $\vec{x} = \begin{pmatrix}1\\0\\0\end{pmatrix} + s\begin{pmatrix}0\\1\\0\end{pmatrix} + t\begin{pmatrix}0\\0\\1\end{pmatrix}$ sowie ein Punkt P.

Bestimmen Sie den Abstand von P zu E und den jeweiligen Lotfußpunkt L.

a) P(1; 3; 4) b) P(3; 7; 5)

15 Gegeben sei eine Ebene E: 10x + 14y – z = 34. Bestimmen Sie die Abstände der Punkte P(9; 17; –3), Q(–9; –12; 5) und R$\left(\frac{16}{3}; \frac{17}{3}; -\frac{1}{3}\right)$ von E sowie die zugehörigen Lotfußpunkte.

16 Gegeben seien eine Ebene E_1: $\vec{x} = \begin{pmatrix}2\\-3\\1\end{pmatrix} + r\begin{pmatrix}-1\\-2\\5\end{pmatrix} + s\begin{pmatrix}2\\2\\1\end{pmatrix}$ und ein Punkt P_0(12; 9; – 4).

Bestimmen Sie die Gleichung der Ebene E_2, die P_0 enthält und zu E_1 parallel ist.
Ermitteln Sie den Abstand der Ebenen E_1 und E_2.

17 Begründen Sie, dass die Ebenen E_1 und E_2 zueinander parallel sind und berechnen Sie ihren Abstand.

a) E_1: 2x – 3y + z = –4 E_2: 4x – 6y + 2z = –8

Begründung: ______ $d(E_1; E_2) \approx$ ______

b) E_1: $\vec{x} = \begin{pmatrix}4\\4\\4\end{pmatrix} + s\begin{pmatrix}2\\1\\0\end{pmatrix} + t\begin{pmatrix}-1\\0\\3\end{pmatrix}$ E_2: $\vec{x} = \begin{pmatrix}2\\0\\2\end{pmatrix} + s\begin{pmatrix}1\\1\\3\end{pmatrix} + t\begin{pmatrix}5\\2\\-3\end{pmatrix}$

Begründung: z. B. $\vec{n}_1 = \begin{pmatrix}\ \\ \ \\ \ \end{pmatrix}$ $\vec{n}_2 = \begin{pmatrix}\ \\ \ \\ \ \end{pmatrix} \Rightarrow$ ______ $d(E_1; E_2) \approx$ ______

18 Überprüfen Sie, welche der Ebenen E_1 bis E_6 zueinander parallel sind und berechnen Sie deren Abstand.

E_1: $\vec{x} = \begin{pmatrix}5\\-4\\1\end{pmatrix} + r\begin{pmatrix}0\\2\\0\end{pmatrix} + s\begin{pmatrix}-2\\0\\3\end{pmatrix}$ E_2: $\vec{x} = \begin{pmatrix}4\\3\\5\end{pmatrix} + r\begin{pmatrix}0\\-1\\0\end{pmatrix} + s\begin{pmatrix}6\\0\\-9\end{pmatrix}$

E_3: x – 2y + 3z = 5 E_4: –2x + 4y – 6z = 27

E_5: 2x – y + 5z = 2 E_6: $\left[x - \begin{pmatrix}4\\1\\3\end{pmatrix}\right] \cdot \begin{pmatrix}2\\-1\\5\end{pmatrix} = 0$

19 Gegeben seien ein Vektor $\vec{a} = \begin{pmatrix}2\\3\\6\end{pmatrix}$ und ein Punkt P_1(2; 3; 1).

a) Geben Sie eine Gleichung der Ebene E_1 an, die durch P_0 geht und senkrecht zu $\vec{a}$ ist.

$E_1 \perp \vec{a} \Rightarrow \vec{n} = \begin{pmatrix}\ \\ \ \\ \ \end{pmatrix} \Rightarrow E_1$: ______ + d = 0; $P_1 \in E_1 \Rightarrow$ d = ______

b) Bestimmen Sie den Abstand von O(0; 0; 0) zur Ebene E_1 und den zugehörigen Lotfußpunkt L_1.

$d(0, E_1) = \left|\frac{\ }{\ }\right|$ = ______ ≈ ______; L_1(; ;)

c) Bestimmen Sie eine Gleichung der Ebene E_2, die parallel zu E_1 ist und Abstand 7 von O hat.

$\vec{n} = \begin{pmatrix}\ \\ \ \\ \ \end{pmatrix}$; $d(0; E_2) = 7 \Rightarrow L_2$(; ;) ⇒ d = ______ ⇒ E_2: ______

2.3 Abstand zweier Geraden

Abstand zweier paralleler Geraden

Da zwei zueinander parallele Geraden immer den gleichen Abstand haben, kann dieses Problem auf das Abstandsproblem zwischen einem Punkt und einer Geraden zurückgeführt werden (siehe 5.1).

20 Das im räumlichen Koordinatensystem dargestellte Haus habe folgende Eckpunkte:
A(12; 0; 0), B(12; 10; 0), C(0; 10; 0), D(0; 0; 0),
E(12; 0; 3), F(12; 10; 3), G(0; 10; 3), H(0; 0; 3),
S(6; 5; 6)
Welche durch Körperkanten festgelegten parallelen Geraden haben einen Abstand von d?
Geben Sie alle betroffenen Geradenpaare an.

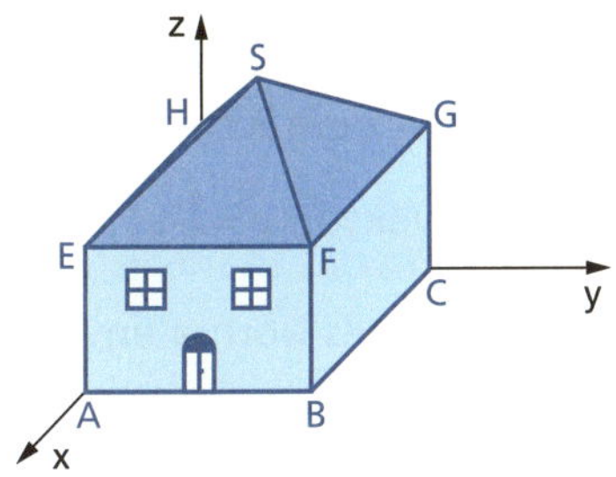

a) d = 3 (LE) || ;

b) d = 10 (LE) || ;

c) d = 12 (LE) || ;

d) $d = \sqrt{109}$ (LE) || ;

e) $d = \sqrt{153}$ (LE) || ;

f) $d = \sqrt{244}$ (LE) || ;

***21** Berechnen Sie den Abstand der zueinander parallelen Geraden g und h in der Ebene:

a) g: $5x + 2y - 3 = 0$, h: $5x + 2y + 1 = 0$ $\vec{n} = \begin{pmatrix} \\ \end{pmatrix}$ d(g, E) ≈

b) g: $2x - y - 6 = 0$, h: $y = 2x$ $\vec{n} = \begin{pmatrix} \\ \end{pmatrix}$ d(g, E) ≈

c) g: $\vec{x} = \begin{pmatrix} 1 \\ 0 \end{pmatrix} + t\begin{pmatrix} 2 \\ 1 \end{pmatrix}$, h: $x - 2y + 4 = 0$ $\vec{n} = \begin{pmatrix} \\ \end{pmatrix}$ d(g, E) ≈

d) g: $\vec{x} = \begin{pmatrix} 0 \\ 1 \end{pmatrix} + t\begin{pmatrix} 3 \\ 1 \end{pmatrix}$, h: $y = \frac{1}{3}x - 1$ $\vec{n} = \begin{pmatrix} \\ \end{pmatrix}$ d(g, E) ≈

e) g: $\vec{x} = \begin{pmatrix} 2 \\ 1 \end{pmatrix} + s\begin{pmatrix} 1 \\ 2 \end{pmatrix}$, h: $\vec{x} = \begin{pmatrix} 3 \\ 5 \end{pmatrix} + t\begin{pmatrix} 1 \\ 2 \end{pmatrix}$ $\vec{n} = \begin{pmatrix} \\ \end{pmatrix}$ d(g, E) ≈

f) g: $\vec{x} = \begin{pmatrix} 0 \\ 1 \end{pmatrix} + s\begin{pmatrix} -3 \\ 2 \end{pmatrix}$, h: $\vec{x} = \begin{pmatrix} 6 \\ 5 \end{pmatrix} + t\begin{pmatrix} 6 \\ -4 \end{pmatrix}$ $\vec{n} = \begin{pmatrix} \\ \end{pmatrix}$ d(g, E) ≈

***22** Berechnen Sie die Abstände der gegenüberliegenden Seiten (die Längen der Höhen) des Parallelogramms ABCD.

a) A(2; 4), B(8; 2), C(11; 5), D(5; 7)

b) A(–2; 1), B(1; –3), C(6; 0), D(3; 4)

***23** Berechnen Sie den Abstand der Geraden g und h im Raum.
Weisen Sie vorher nach, dass die jeweiligen Geraden zueinander parallel sind.

a) g: $\vec{x} = \begin{pmatrix} 1 \\ 2 \\ 3 \end{pmatrix} + s\begin{pmatrix} 1 \\ 1 \\ 2 \end{pmatrix}$, h: $\vec{x} = \begin{pmatrix} 2 \\ 2 \\ 0 \end{pmatrix} + s\begin{pmatrix} 1 \\ 1 \\ 2 \end{pmatrix}$ Nachweis: d(g, h) ≈

b) g: $\vec{x} = \begin{pmatrix} -3 \\ 0 \\ 1 \end{pmatrix} + s\begin{pmatrix} -8 \\ 0 \\ -1 \end{pmatrix}$ h: $\vec{x} = \begin{pmatrix} 3 \\ 0 \\ 5 \end{pmatrix} + s\begin{pmatrix} 4 \\ 0 \\ 0{,}5 \end{pmatrix}$ Nachweis: d(g, h) ≈

c) g: $\vec{x} = \begin{pmatrix} 2 \\ -1 \\ 1 \end{pmatrix} + s\begin{pmatrix} 2 \\ -3 \\ 1 \end{pmatrix}$ h: $\vec{x} = \begin{pmatrix} 5 \\ 2 \\ -3 \end{pmatrix} + s\begin{pmatrix} -4 \\ 6 \\ -2 \end{pmatrix}$ Nachweis: d(g, h) ≈

Abstand zweier windschiefer Geraden

Sind g und h windschiefe Geraden mit $g: \vec{x} = \vec{p}_0 + s\vec{a}$ und $h: \vec{x} = \vec{p}_1 + s\vec{b}$ und $\vec{n}$ ein zu $\vec{a}$ und $\vec{b}$ orthogonal verlaufender Vektor, so gilt für den Abstand von g und h:

$$d(g, h) = \frac{|(\vec{p}_1 - \vec{p}_0) \cdot \vec{n}|}{|\vec{n}|}$$

***24** Berechnen Sie den Abstand der beiden zueinander windschiefen Geraden g und h. Die Gerade g verläuft mit dem Richtungsvektor $\vec{a} = \begin{pmatrix} 4 \\ 0 \\ -3 \end{pmatrix}$ durch den Punkt $P_1(-7; 5; -1)$ und h verläuft mit dem Richtungsvektor $\vec{b} = \begin{pmatrix} 8 \\ 1 \\ -6 \end{pmatrix}$ durch den Punkt $P_2(-1; 2; 7)$.

Ermitteln eines Normalenvektors $\vec{n}$

$\vec{n} \perp \vec{a} \Rightarrow$ ______ $= 0$

$\vec{n} \perp \vec{b} \Rightarrow$ ______ $= 0$ (oder Anwenden des Vektorprodukts)

$\Rightarrow \vec{n} = \begin{pmatrix} \; \\ \; \\ \; \end{pmatrix}$

Einsetzen in die Abstandsformel

$$d(g, h) = \frac{\left|\left[\begin{pmatrix} \; \end{pmatrix} - \begin{pmatrix} \; \end{pmatrix}\right] \cdot \begin{pmatrix} \; \end{pmatrix}\right|}{\quad} = \frac{\quad}{\quad} = \quad$$

***25** Eine Gerade g_1 ist durch die Punkte A(0; 0; 2) und B(0; 4; 0) und eine Gerade g_2 ist durch die Punkte C(3; 0; 0) und D(3; 4; 2) gegeben. Berechnen Sie den Abstand dieser beiden Geraden.

***26** Untersuchen Sie jeweils, ob die Geraden g_1 und g_2 parallel oder windschief zueinander sind und berechnen Sie den Abstand:

a) $g_1: \vec{x} = \begin{pmatrix} 3 \\ -8 \\ 13 \end{pmatrix} + r\begin{pmatrix} 2 \\ -2 \\ 3 \end{pmatrix}$
$g_2: \vec{x} = \begin{pmatrix} 1 \\ -6 \\ 6 \end{pmatrix} + s\begin{pmatrix} -2 \\ 2 \\ -1 \end{pmatrix}$

b) $g_1: \vec{x} = \begin{pmatrix} -2 \\ 4 \\ 2 \end{pmatrix} + r\begin{pmatrix} 3 \\ -1 \\ 2 \end{pmatrix}$
$g_2: \vec{x} = \begin{pmatrix} 4 \\ 1 \\ 1 \end{pmatrix} + s\begin{pmatrix} -1{,}5 \\ 0{,}5 \\ -1 \end{pmatrix}$

c) $g_1: \vec{x} = \begin{pmatrix} 3 \\ 0 \\ 0 \end{pmatrix} + r\begin{pmatrix} 4 \\ 3 \\ -1 \end{pmatrix}$
$g_2: \vec{x} = \begin{pmatrix} 3 \\ 1 \\ 5 \end{pmatrix} + s\begin{pmatrix} -2 \\ 4 \\ 2 \end{pmatrix}$

***27** Berechnen Sie für das abgebildete Tetraeder den Abstand der Geraden durch A, B und durch C, D.

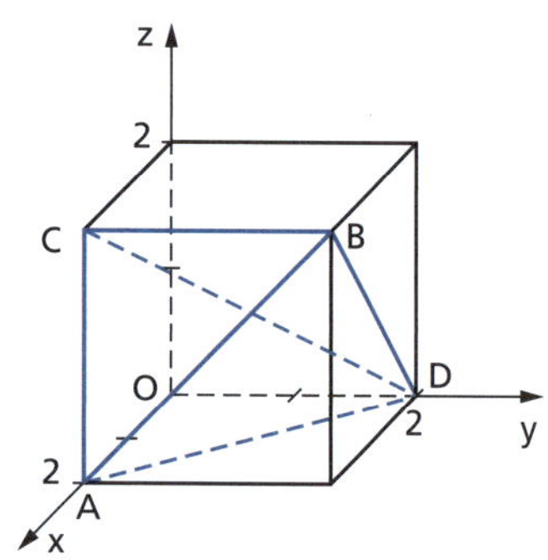

$g_{AB}: \vec{x} =$ ______ ; $g_{CD}: \vec{x} =$ ______

Normalenvektor $\vec{n}$ zu g_{AD} und zu g_{DC}: $\vec{n} = \begin{pmatrix} \; \\ \; \\ \; \end{pmatrix}$

$d(g_{AB}, g_{CD}) \approx$ ______

***28** Gegeben sei das in Aufgabe 20 dargestellte Haus.
Berechnen Sie den Abstand der folgenden zueinander windschiefen Geraden.

a) AE und FG
d = ______

b) EF und GS
d ≈ ______

c) HS und BC
d ≈ ______

3 Aufstellen von Lösungsplänen komplexer Aufgaben

Komplexe Anforderungen, wie sie beim Lösen von Anwendungsaufgaben und allgemein beim Problemlösen vorkommen, erfordern neben dem Durchdringen der Aufgabenstellung ein Verknüpfen von Grundaufgaben der analytischen Geometrie und linearen Algebra. Im Zentrum solcher Aufgaben steht nicht selten das Erstellen von Lösungsplänen.

Beispiel
In einem kartesischen Koordinatensystem sind die Punkte A(5; –3; 0), B(7; 1; 5) und C(–2; 0; 1) gegeben. Durch den Schnittpunkt M der Diagonalen des Parallelogramms ABCD verläuft eine zur Ebene ABC senkrechte Gerade h.
Ein Punkt S, der auf der Geraden h liegt, ist die Spitze einer geraden Pyramide mit einem Parallelogramm ABCD als Grundfläche. Der Abstand vom Punkt S zum Schnittpunkt M beträgt $\sqrt{294}$.
Ermitteln Sie die Koordinaten eines solchen Punktes S.

Lösungsplan:

Lösungsschritt	Ansatz, Ausgangsstücke	Ziel/zu berechnende Größe
1	$\overrightarrow{OA} + \frac{1}{2}\overrightarrow{AC}$	Koordinaten von M
2	Gleichung der Ebene ABC in allgemeiner Form	Normalenvektor der Ebene ABC
3	Normalenvektor der Ebene ABC; Koordinaten von M	Gleichung der Geraden h
4	Normierung des Normalenvektors	Normierter Normalenvektor
5	Abtragen des normierten Normalenvektors mit dem Faktor $\sqrt{294}$ auf h	Koordinaten eines Punktes S
4a)	Koordinaten von S in Abhängigkeit des Parameters in der Geradengleichung	Koordinaten eines Punktes S in Abhängigkeit von Parameter
5a)	Gleichung für Abstand Punkte S und M aufstellen und nach Parameterwert lösen,	Koordinaten eines Punktes S

Stellen Sie für die folgenden Aufgaben 1 bis 3 Lösungspläne auf:

1 Berechnen Sie das Volumen der Pyramide aus dem Eingangsbeispiel.
Die Pyramide wird in einer Höhe von $\frac{\sqrt{294}}{2}$ von einer Ebene geschnitten, die parallel zur Grundfläche ABCD verläuft. Dabei entstehen zwei Teilkörper.
Ermitteln Sie das Verhältnis der Volumina dieser beiden Teilkörper.

Lösungsplan:

Lösungsschritt	Ansatz, Ausgangsstücke	Ziel/zu berechnende Größe
1	$\overrightarrow{BA} \times \overrightarrow{BC}$	
2		Volumen der Pyramide
3		

2 In einem kartesischen Koordinatensystem mit dem Koordinatenursprung O ist eine Pyramide mit rechteckiger Grundfläche ABCD und der Spitze S gegeben.
Es gilt: $A(3; 0; -1)$, $B(3; 7; -1)$, $C(-3; 7; -1)$, $S\left(0; \frac{7}{2}; 6\right)$.
Ermitteln Sie die Koordinaten des Punktes D. Es existiert genau ein Punkt Q, sodass das Viereck ABQS ein Trapez mit einem rechten Winkel ABQ ist. Ermitteln Sie die Koordinaten des Punktes Q.

Lösungsplan:

Lösungsschritt	Ansatz, Ausgangsstücke	Ziel/zu berechnende Größe
1		
2		
3		
4		

3 Die Schüler einer Arbeitsgemeinschaft benötigen für das Bühnenbild ihrer Theateraufführung einen Körper in Form eines Teils einer Hausfassade. Dieser allseitig geschlossene Körper wurde durch die Schüler in einem kartesischen Koordinatensystem mit dem Koordinatenursprung O in nebenstehender Abbildung dargestellt (1 Längeneinheit entspricht 1,00 m).
Für die Koordinaten der Eckpunkte gilt:
$A(3; 0; 0)$, $B(3; 1; 0)$, $C(1; 3; 0)$, $D(0; 3; 0)$ $I_t(1; 0; t)$, $K_t(0; 1; t)$.
Der Wert t ($t \in \mathbb{R}$, $t > 3$) variiert dabei die Neigungen der Dachschrägen. Die Eckpunkte E, F, G und H liegen bezüglich der xy-Koordinatenebene 3,00 m senkrecht über den Punkten A, B, C und D.

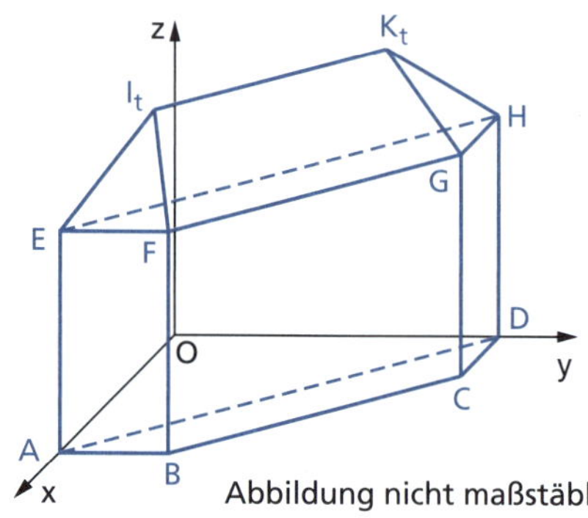

Abbildung nicht maßstäblich

a) Die Dachfläche FGK_tI_t liegt in der Ebene mit der Gleichung $(t-3)x + (t-3)y + 3z = 4t - 3$ ($t \in \mathbb{R}$, $t > 3$).
Berechnen Sie die Höhe des Körpers $ABCDEFGHI_tK_t$, wenn die Dachfläche FGK_tI_t im Winkel von 45° zur Fläche EFGH geneigt ist.

b) Auf der Kante $\overline{GK_5}$ liegt ein Punkt Q, in dem eine Kabelbefestigung angebracht werden soll. Vom Punkt H aus soll jeweils linear ein Kabel an der Dachinnenseite über den Punkt Q zum Diagonalenschnittpunkt $L\left(1; 1; \frac{13}{3}\right)$ der Dachfläche FGK_5I_5 geführt werden.
Bestimmen Sie Näherungswerte für die Koordinaten des Punktes Q, so dass die Länge des Kabels minimal ist.

Lösungsplan:

Lösungsschritt	Ansatz, Ausgangsstücke	Ziel/zu berechnende Größe
1		
2		
3		
4		

E Kreise

1 Kreisgleichungen

Für einen Kreis in der Ebene mit dem Mittelpunkt M(c; d) und dem Radius r gilt:

- in Koordinatenschreibweise: $\qquad = r^2$
- in vektorieller Schreibweise: $(\vec{x} - \vec{m})^2 = r^2$

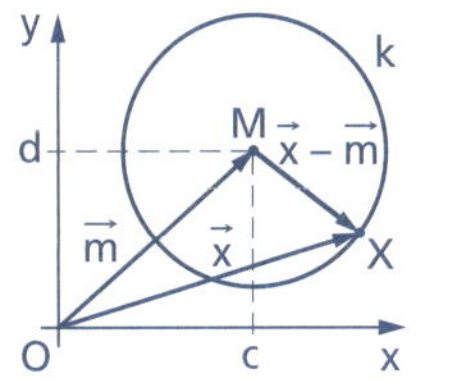

***1** Geben Sie die Gleichung eines Kreises mit dem Mittelpunkt M(3; 4) und dem Radius r = 2 in der Ebene in vektorieller Form und in Koordinatenschreibweise an.

in Koordinatenschreibweise: in vektorieller Form:

***2** Durch ihre Mittelpunkte und Radien sind fünf Kreise gegeben. Notieren Sie zu jedem der Kreise eine Gleichung und untersuchen Sie die Lage des Punktes P(1; 3) bezüglich dieser Kreise.

	Mittelpunkt	Radius	Gleichung	P(1; 3) liegt ...
k_1	$M_1(3; 4)$	$r_1 = 3$		
k_2	$M_2(0; 0)$	$r_2 = \sqrt{10}$		
k_3	$M_3(3; -2)$	$r_3 = 4$		
k_4	$M_4(-2; -1)$	$r_4 = \sqrt{37}$		

***3** Beschreiben Sie die Menge der Punkte X in der Ebene (mit dem Ortsvektor $\vec{x}$), für die gilt:

a) $\vec{x}^2 = 2$

b) $\left[\vec{x} - \begin{pmatrix}1\\2\end{pmatrix}\right]^2 = 2$

c) $\vec{x}^2 = -1$

***4** Notieren Sie eine Gleichung des Kreises k mit dem Mittelpunkt M und dem Radius r. Untersuchen Sie die Lage der Punkte $P\left(-\frac{1}{2}; 2\right)$, Q(0; 2), R(2; –2) bezüglich jedes Kreises k.

a) M(0; –2); r = 4 b) M(4; 2); $r = 2 \cdot \sqrt{5}$ c) M(–4; 5); r = 5

***5** Durch die Punkte P_1, P_2 und P_3 sei jeweils ein Kreis k bestimmt. Geben Sie den Mittelpunkt, den Radius sowie eine Gleichung des Kreises k an. Stellen Sie dazu jeweils ein Gleichungssystem auf.

a) $P_1(6; -8)$, $P_2(0; 0)$, $P_3(7; -1)$

$(6 - c)^2 + (-8 - d)^2 = r^2$

$= r^2$

$= r^2$

M(;); r =

b) $P_1(-18; 6)$, $P_2(-1; 13)$, $P_3(6; -4)$

M(;); r =

c) $P_1(5; 9)$, $P_2(7; -5)$, $P_3(-9; 7)$

M(;); r =

***6** P und Q(–6; 8) seien Punkte ein und desselben Kreises um den Koordinatenursprung. Bestimmen Sie jeweils die Koordinaten von P.

a) $P(x_P; 5 \cdot \sqrt{2})$

b) $P(-5; y_P)$

c) $P(5 \cdot \sqrt{3}; y_P)$

d) $P(\sqrt{91}; y_P)$

***7** Geben Sie die Gleichung von jeweils einem Kreis an, der folgender Bedingung genügt:

		P ist Punkt des Kreises …	P ist innerer Punkt des Kreises …	P ist äußerer Punkt des Kreises …
a)	$P(-3; 7)$			
b)	$P(\sqrt{2}; \sqrt{3})$			
c)	$P\left(-\frac{1}{3}; \frac{4}{5}\right)$			

***8** Geben Sie die Gleichung eines Kreises k mit dem Radius 4,5 an, dessen Mittelpunkt auf der y-Achse liegt und der die x-Achse berührt.

***9** Bestimmen Sie die Koordinaten der Schnittpunkte des Kreises k: $(x-3)^2 + (y+2)^2 = 16$ mit der x-Achse und der y-Achse.

***10** Geben Sie die Gleichung des Kreises k an, der durch den Punkt P(–4; 2) geht und den Mittelpunkt M(1; 1) hat.

***11** Bestimmen Sie die Gleichung eines Kreises k, der den Kreis mit der Gleichung $x^2 + y^2 - 10 = 0$

a) in seinem Innern enthält;

b) von innen berührt;

c) von außen berührt;

d) in zwei Punkten schneidet.

***12** Überprüfen Sie, ob die Gleichung $x^2 + y^2 - 5x + 10y - 4{,}75 = 0$ einen Kreis beschreibt.
Hinweis: Wenn das so ist, muss sich die Gleichung in die Form $(x-c)^2 + (y-d)^2 = r^2$ überführen lassen.

1. Ordnen: $x^2 - 5x + y^2 + 10y = 4{,}75$
2. Quadratische Ergänzung: $\underbrace{x^2 - 5x + \quad}\; + \underbrace{y^2 + 10y + \quad} = 4{,}75 + \quad + \quad$
3. Zusammenfassen. $(x - \quad)^2 + (y + \quad)^2 = \quad$

Die Gleichung beschreibt einen Kreis mit M(;) und r = .

***13** Beschreiben die folgenden Gleichungen Kreise?
Geben Sie im Fall eines Kreises den Mittelpunkt und den Radius an.

a) $x^2 + y^2 - 4x + 2y - 4 = 0$

b) $x^2 + y^2 - 8x + 6y + 25 = 0$

c) $x^2 + y^2 + 2x + 2y + 1 = 0$

d) $x^2 + y^2 + 2x + 2y + 3 = 0$

2 Kreis und Gerade

Eine Gerade heißt bezüglich eines Kreises
- Sekante, wenn
- Tangente, wenn
- Passante, wenn

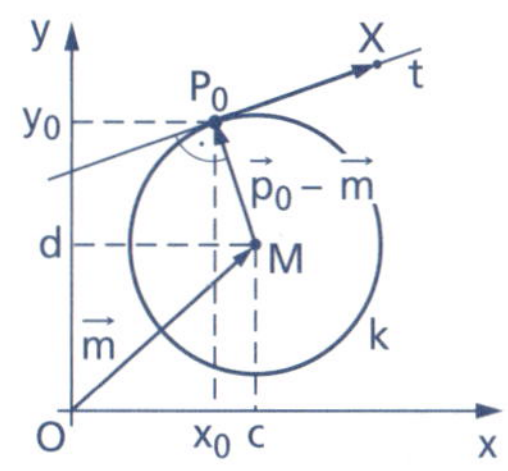

Gleichung einer Tangente im Punkt P_0 an den Kreis k:
- in Koordinatenschreibweise: $= r^2$
- in vektorieller Schreibweise: $= r^2$

***1** Berechnen Sie die Schnittpunkte der Geraden g mit dem Kreis k.

g: $y = -\frac{11}{3}x + \frac{9}{2}$ k: $(x + 2)^2 + (y - 1)^2 = 16{,}25$

Wir bezeichnen mit $P(x_S; y_S)$ einen eventuell vorhandenen gemeinsamen Punkt von k und g. Damit ergibt sich das Gleichungssystem

(I):

(II):

Umformungen:

Also ist $x_{s_1} =$ und $x_{s_2} =$, woraus

$y_{s_1} =$ und $y_{s_2} =$ folgt.

Also sind $P_1($; $)$ und $P_2($; $)$ die gesuchten gemeinsamen Punkte.

Probe für P_1:   Probe für P_2:

***2** Ermitteln Sie die Schnittpunkte der Geraden g mit dem Kreis k und daraus deren Lagebeziehung:

	Gerade	Kreis	Schnittpunkte	Lagebeziehung
a)	$y = 0{,}5x + 2$	$x^2 + y^2 = 16$		
b)	$4x - 3y - 8 = 0$	$(x + 4)^2 + (y - 2)^2 = 36$		
c)	$y = 0{,}5x + 2$	$x^2 - 8x + y^2 = 0$		
d)	$6x + 7y = 42$	$x^2 + y^2 = 16$		
e)	$y = 3$	$x^2 + (y + 1)^2 = 25$		
f)	$x = 6$	$(x - 2)^2 + (y - 1)^2 = 16$		

***3** a) Wie lauten die Gleichungen der Tangenten an den Kreis k: $x^2 + y^2 - 2x - 24 = 0$ in den Punkten A(4; 4) und B(–3; 3)?

b) Bestimmen Sie das Produkt $m_1 \cdot m_2$ der Anstiege dieser beiden Tangenten. Was schlussfolgern Sie daraus?

***4** Bestimmen Sie die Gleichungen der Tangenten an den Kreis k: $(x + 2)^2 + (y - 1)^2 = 16{,}25$ in den Kreispunkten mit der Koordinate $x = 0$.

***5** Geben Sie die Gleichungen der vier Tangenten an den Kreis k: $(x - 2)^2 + (y + 1)^2 = 25$ an, die parallel zur x-Achse bzw. zur y-Achse verlaufen.

Von einem Punkt P außerhalb eines Kreises k existieren zwei Geraden, die den Kreis k(c; d) berühren. Die Koordinaten der Berührungspunkte B_1 und B_2 erhält man durch Lösen des Gleichungssystems aus Kreisgleichung und allgemeiner Tangentengleichung $(x - c)(x_B - c) + (y - d)(y_B - d) = r^2$.
Aus den so ermittelten Berührungspunkten lassen sich dann die Gleichungen der beiden Tangenten t_1 und t_2 aufstellen.

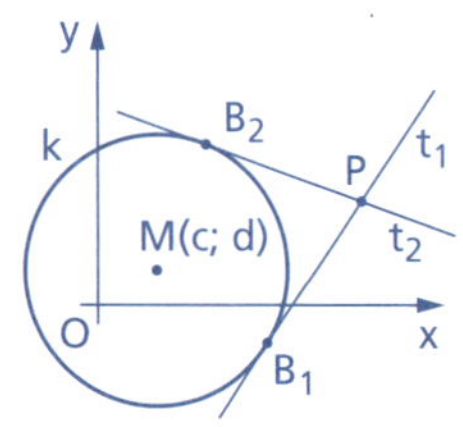

***6** Von einem Punkt P(5; 1,5) außerhalb eines Kreises k mit M(0; 4) und einem Radius von r = 2,5 cm sollen Tangenten an den Kreis gelegt werden. Gesucht sind die Gleichungen der Tangenten.

Aufstellen eines Gleichungssystems:

Kreisgleichung: k: ______

allemeine Tangentengleichung: t: $(5 - 0)(x_B - 0) + ($ ____ $)($ ____ $) =$ ____

Als Lösung des Gleichungssystems erhält man die Koordinaten der Berührungspunkte:

$B_1($ ___ ; ___ $)$; $B_2($ ___ ; ___ $)$

Unter Verwendung der allgemeinen Tangentengleichung folgen die Gleichungen der Tangenten t_1 und t_2:

t_1: $(x - 0)(0 - 0) + (y - 4)(1{,}5 - 4) = 6{,}25$ $\Rightarrow$ y = ______

t_2: ______ $\Rightarrow$ y = ______

***7** Gegeben sei ein Kreis mit dem Mittelpunkt M(0; 0) und einem Radius r = 5 cm und einem Punkt P(7; 1). Durch den Punkt P sollen Tangenten an den Kreis gelegt werden.

a) Zeigen Sie, dass der Punkt P außerhalb des Kreises liegt.

______ ______ ______

b) Berechnen Sie die Berührungspunkte der Tangenten an den Kreis.

k: ______

t: ______ $\Rightarrow$ $B_1($ ___ ; ___ $)$; $B_2($ ___ ; ___ $)$

c) Stellen Sie die Tangentengleichung auf.

t_1: ______ $\Rightarrow$ ______

t_2: ______ $\Rightarrow$ ______